最初からそう教えてくれればいいのに！

図解！AWSの

ツボとコツが
ゼッタイに
わかる本

五十嵐 貴之　著

秀和システム

はじめに

　本書は、世界中でもっとも利用されているクラウドサービスである「AWS」について、もっともやさしく書かれた書籍です。

　現代の企業におけるクラウドサービスの利用率は、目覚ましく伸び続けています。

　そのなかでも世界中でもっとも利用されているクラウドサービスが、Amazon社が提供する、「AWS」です。

　本書は、AWSを利用したサービスを構築するために必要な最低限の知識のみを説明し、そしてその手順をていねいに解説しています。パソコン初心者でも、本書の手順に沿って操作するだけで、簡単にAWSを利用したサービスを構築できるようにすることを心がけました。

　本書が、あなたのお役にたてれば幸いです。

五十嵐　貴之

本書の動作環境

本書は、以下の環境で動作検証を行っております。

OS：Windows 10 Pro.

バージョン：21H1

プロセッサ：Intel Core i7

RAM：32.0 GB

また、AWS上での動作確認は、2021年9月時点のものです。

Chapter
01

AWSのしくみ

Chapter 04

Amazon RDSを使ってみよう

Chapter

01

↓

AWSのしくみ

Chapter 01

AWS って何?

 ## Amazonが提供するクラウドサービス

AWSは、世界第一位のインターネット通販サイトとして有名な
Amazon社(アマゾン)が提供する、クラウドサービスです。

AWSのポータルサイト

アマゾン ウェブ サービス (AWS)

https://aws.amazon.com/jp/

　クラウドサービスとは、インターネットを通じてWebサーバーやDBサーバーをレンタルしたり、オンラインのストレージをレンタルしたりすることができるサービスです。

クラウドサービスとは

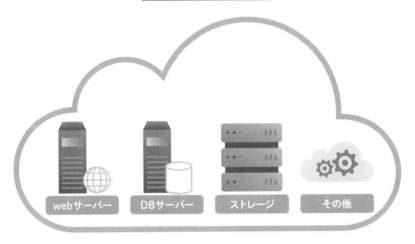

　AWSは、2006年にサービスが開始されました。

　AWSは、クラウドサービスとして最も歴史が長く、自社で利用していたクラウド技術を多くのユーザーが使えるようにしたのがAWSの始まりです。

AWSの始まり

ショッピングサイト

Amazonの運用で培った
クラウド技術をサービスと
して提供できないか…？

　AWSは、Amazonのインフラを支える重要な基盤となっており、さらに、Amazonプライム動画やAmazonミュージック、Amazonフォトなどのクラウドサービスを展開し、その信頼性の高さは折り紙付きです。

AWSでできることの例

　では、具体的にAWSで何ができるかについて、見てみましょう。

　AWSには200種類ものサービスがありますが、これらのサービスを利用することで、セキュリティ性の高い会員制のECサイトを構築したり、動画コンテンツの配信サイトを構築したり、音声を認識して文字起こしをするスマートフォン用アプリを作成したりなど、多種多様なシステムを開発することが可能です。

多種多様なシステムを開発することができる

Amazonのような、セキュリティ性の高いECサイトを構築できる！

Amazonプライムビデオのような動画コンテンツ配信サイトを構築できる！

アレクサのような、人工知能を利用した、音声を認識して文字起こしをするスマートフォンアプリを開発できる！

AWSの主要なサービス

AWSには、約200種類ものサービスが存在します。

その200種類ものサービスには、仮想的なサーバーを提供するサービスや、ストレージを提供するサービス、データベースシステムを提供するサービス、人工知能を提供するサービスなど、様々です。

AWSの主なサービス

AWSサービスの利用者は、これらのサービスを組み合わせて利用者の思い通りのシステムを構築します。

AWSの主要なサービスの名称とその内容

Amazon EC2	コンピューティング

クラウド内でサイズ変更可能なコンピューティング性能。

Amazon S3	ストレージ

安全性と耐久性を持つスケーラブルなオブジェクトストレージインフラストラクチャ。

Amazon RDS	データベース

MySQL、PostgreSQL、MariaDB、Oracle BYOL または SQL Server のためのマネージド型リレーショナルデータベースサービス。

Amazon DynamoDB	データベース

シームレスなスケーラビリティを備えた、高速で柔軟な NoSQL データベース。

Amazon SageMaker	MACHINE LEARNING

機械学習モデルの構築、トレーニング、デプロイを行うためのフルマネージド型プラットフォーム。

AWS Lambda	コンピューティング

イベント発生時にお客様のコードを実行し、コンピューティングリソースを自動的に管理するコンピューティングサービスです。

Amazon Lightsail	コンピューティング

仮想プライベートサーバーを簡単に利用可能に。コンピューティング、ストレージ、ネットワークなど、AWS でプロジェクトを始めるために必要なあらゆるものが用意されています。

Amazon Glacier	ストレージ

安全で耐久性に優れた長期的なオブジェクトストレージ。

Amazon SageMaker Ground Truth	MACHINE LEARNING

高精度なトレーニングデータセットをすばやく構築しながら、ラベル付けのコストを最大 70% 削減。

AWS RoboMaker	ロボット工学

AWS RoboMaker により、インテリジェントロボット工学アプリケーションを大規模かつ簡単に開発、シミュレート、デプロイすることが可能に。

出典：AWS 無料利用枠（https://aws.amazon.com/jp/free/）の情報をもとに表を作成

AWSは従量課金制

　AWSの利用料金の特徴の1つに、AWSは従量課金制を導入しているところがあげられます。

　従量課金制とは、サービスを利用した分だけ料金を課す方式のことを言います。例えば、サービスを利用した時間に応じて料金が加算されたり、サービスによって発生したネットワーク通信の量に応じて料金が加算されたりする方式のことです。

従量課金制は利用した分だけ料金が発生

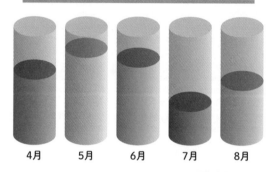

4月　　　5月　　　6月　　　7月　　　8月

従量課金制は、使わな
ければ料金が安くなる

　これに対し、**サブスクリプション**（通称、サブスク）と言う課金形態がありますが、サブスクリプションは、定額料金を支払うことで、一定期間、サービスを利用することができるシステムです。

サブスクは常に一定料金

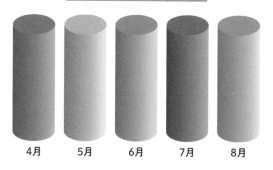

4月　5月　6月　7月　8月

サブスクの場合、料金
は常に一定

　従量課金制のデメリットは、利用した分だけ料金が高額になってしまうところです。サービスの利用が大幅に増えた場合、料金も大幅に増えます。

従量課金制はサービスを利用するほど高額になる！

サービスの利用が増える
と、料金も高額になる

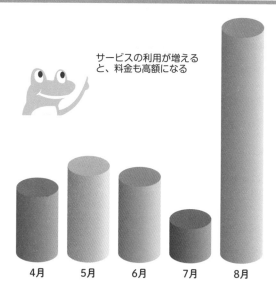

4月　5月　6月　7月　8月

また、AWSのサービスの大半は日本語に対応しており、サービスの利用料はUSドル（米ドル）で表記されていますが、日本円での支払いが可能です。

AWSの無料枠について

AWSは従量課金制ですが、いくつかのサービスについては無料で利用できるものがあります。

AWSの無料利用枠と呼ばれており、その無料利用枠には次の3種類が存在します。

無料利用枠の種類

常に無料	無料利用枠に有効期限がない
12か月間無料	AWSに最初にサインアップした日から12か月間
トライアル	対象となるサービスを開始してから一定期間

AWSの無料利用枠については、以下のURLより対象となるサービスを確認することができます。

AWS無料利用枠

https://aws.amazon.com/jp/free/

AWS 無料利用枠

　例えば、本書の後半でも使い方を説明している「Amazon EC2」「Amazon S3」「Amazon RDS」は、「12か月間無料」の無料利用枠を持っています。

　クラウド上に仮想マシンを作成するサービスであるAmazon EC2は、12か月の間、ひと月につき、750時間のLinux、RHEL、またはSLES t2.microインスタンス、およびWindows t2.microインスタンスの使用が無料となっています。

Amazon EC2 の無料利用枠

Amazon Linux 2 AMI

Microsoft Windows Server 2019 Base

Red Hat Enterprise Linux 8

SUSE Linux Enterprise Server 15 SP2

12か月の間なら、750時間まで無料で利用できる！

　クラウド上のストレージ領域を利用できるサービスである Amazon S3 は、12か月の間、5GB の標準ストレージと、20,000件の Get リクエスト（ストレージからファイルを取得する行為）と 2,000件の Put リクエスト（ストレージへファイルを格納する行為）が無料となっています。

Amazon S3 の無料利用枠

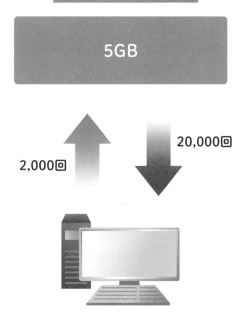

5GB

2,000回

20,000回

5GBのストレージを無料
で利用できる！

　クラウド上のデータベースを利用可能なAmazon RDSは、12か月
の間、MySQL、PostgreSQL、MariaDB、Oracle、SQL Serverといっ
た主要なデータベースシステムを、750時間、無料で利用することが
できます。

Amazon RDS の無料利用枠

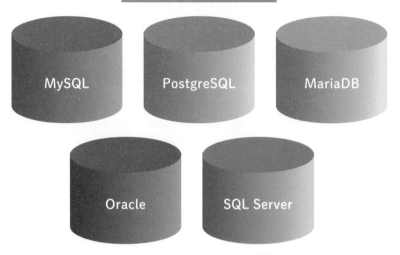

MySQL　　PostgreSQL　　MariaDB

Oracle　　SQL Server

主要なデータベースシステ
ムを無料で利用できる！

そもそも、クラウドって何?

 ## 「クラウド」とは

　先ほど、AWSはクラウドサービスであると説明しましたが、そもそも、**クラウド**とは何でしょうか?

　クラウド(Cloud)は、その英単語の意味が示すとおり、雲のように実体が見えないネットワーク上のサービスを表すものであり、IT用語のバズワード(buzzword：あいまいな定義でありながら、広く普及した用語)の1つです。

　サービス利用者からみれば、どこにサーバーが存在するのかを意識することは全くありません。漠然と、雲(クラウド)の中にデータがあるかのようなイメージです。

クラウドとは

クラウド

雲(Cloud)のような
あいまいなもの

「クラウド」の対義語、「オンプレミス」とは

　クラウドの対義語は、**オンプレミス**です。オンプレミス（On-Premises）とは、サーバーなどのインフラ設備を自社内で構築することを言います。

　自社内でサーバー等のインフラ設備を構築するため、クラウドと違い、ハードウェアの構成を自社内でしっかりと把握する必要があります。

オンプレミスはハードウェアの構成を自社内で把握しなければならない

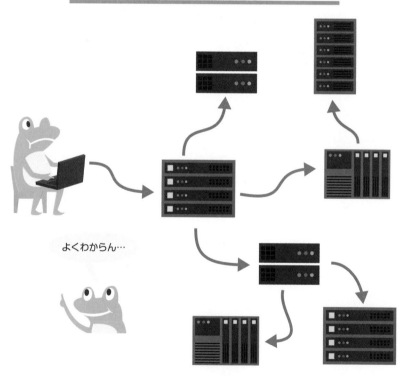

よくわからん…

クラウドサービスって危険なの?

　よく、「クラウドサービスは、セキュリティ的に危険」という言葉を耳にします。

　その理由としては、「機密情報を誰もが利用できるネットワーク上に置いておくと、万が一の場合、第三者に閲覧されたり、改ざんされたりしてしまう危険性があるから」というものです。

クラウドとは

しかし、「クラウドだから危険」という考えは間違っています。

むしろ、クラウドサービスを提供するAWSのような大企業のセキュリティの管理下に機密データを保管しておいた方が、自社でサーバーを構築して機密データを保管しておくより、安全と言えます。

実績のある大企業のセキュリティの管理下にあるため、安心して利用できる

堅牢なECサイトの運営で、セキュリティ対策の高さは折り紙付き！

Amazon

101
01010
10110
10100
010

非正規ユーザー

正規ユーザー

セキュリティも任せられる！

　クラウドサービスを利用する際のセキュリティ上の注意と言えば、サービスにログインする時のパスワードが容易に推測可能で安直だったために、見知らぬ人にログインされてしまったなど、利用者のセキュリティ意識の甘さによるものが原因です。

クラウド利用者がセキュリティ意識を高めておく必要あり

パスワードは、覚えやすいから、名前と誕生日の組み合わせでいいや…

⚠️ 非常に危険!!

 クラウドサービスは3つに分類される

　クラウドサービスは、一般的に、次の3つの種類に分けることができます。

● SaaS(Software as a Service)

　完成されたソフトウェアやアプリケーションをクラウドで提供すること。

● PaaS(Platform as a Service)

　オペレーティングシステムや開発環境、ネットワーク環境等をクラウドで提供すること。

● IaaS(Infrastructure as a Service)

　ソフトウェアを稼働させるために必要となる基盤（コンピューターやネットワーク回線等）をクラウドで提供すること。クラウドのストレージサービスや、ネットワークサーバー等が該当します。

クラウドサービスの種類について

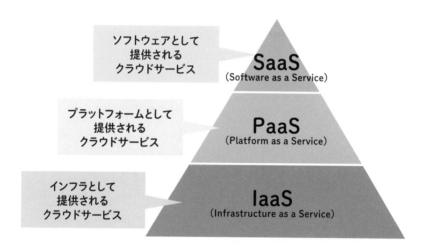

　このピラミッド型の図について、最上位のSaaS（サーズ）は、「ソフトウェアとして提供されるクラウドサービス」を意味します。SaaSのユーザーは、すでに製品として完成されているサービスを利用します。

　中央のPaaS（パーズ）は、「プラットフォームとして提供されるクラウドサービス」を意味します。PaaSのユーザーは、すでに構築されているデータベースやインターネットサーバーなどをクラウドサービスとして利用し、そこに独自の製品を開発・提供します。

　最下位のIaaS（イアース）は、「インフラとして提供されるクラウドサービス」を意味します。IaaSのユーザーは、データベースやインター

ネットサーバーなどの環境構築もユーザーが行うことで、開発における自由度がPaaSよりも高い反面、より専門的な知識が必要と言えます。

　AWSのクラウドサービスは、この3つの分類のうち、PaaSやIaaSに該当し、サービスの利用者は、AWSを利用して新たなシステムを構築します。

AWSはPaaSやIaaSに該当する

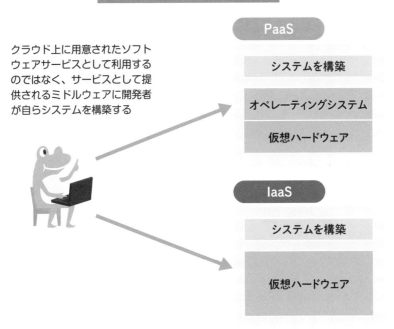

クラウド上に用意されたソフトウェアサービスとして利用するのではなく、サービスとして提供されるミドルウェアに開発者が自らシステムを構築する

PaaS
システムを構築
オペレーティングシステム
仮想ハードウェア

IaaS
システムを構築
仮想ハードウェア

クラウドサービスを支える仮想化技術

　AWSのサービスには、サーバーをレンタルするサービスがあります。また、ストレージをレンタルしたりすることもできます。

　これらのサービスは、例えばサーバーであれば任意のタイミングで自由にメモリを増やすことができますし、ストレージであれば任意のタイミングで自由にストレージを増やすことができます。

**クラウドのサーバーは任意のタイミングで
メモリやストレージを増やすことができる**

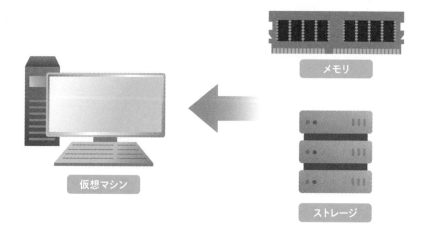

メモリ

仮想マシン

ストレージ

　サーバーにメモリを追加したり、ストレージを追加したりする作業は、実マシンに対して行う場合は、いったん実マシンを停止させる必要がありますが、クラウドサービスの場合は、マシンを停止させる必要がありません。

　これは、**仮想化**と言う技術によって成り立っています。

　仮想化とは、物理的な実体を仮想的なものに置き換えることを言います。

　例えば、物理的なコンピューターの代わりに仮想的なコンピュー

ターを用意することを言います。物理的な1つのコンピューター上に、仮想的な複数のコンピューターを動作させることも可能です。

コンピューターの仮想化

　上の図は、物理的なコンピューター上で仮想的なコンピューターを3台動作させている様子を表しています。

　まず、「物理的なコンピューター」が最下位に存在し、「ホストOS」はそのコンピューター上にインストールされているオペレーティングシステム（OS）を表します。さらにその上には、「仮想化ソフトウェア」があります。これは、仮想的なコンピューターを動作させる上で必要となるソフトウェアです。

　この「仮想化ソフトウェア」が、仮想化技術と呼ばれているものです。

　仮想化技術にはもう1つ、「ネットワーク仮想化」というものがあります。

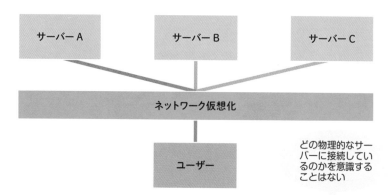

ネットワークの仮想化

| サーバー A | サーバー B | サーバー C |

ネットワーク仮想化

ユーザー

どの物理的なサーバーに接続しているのかを意識することはない

　ネットワーク仮想化は、ネットワーク接続に必要なインフラを仮想化することにより、物理的な機器を変更することなく、ネットワークの構成を変更することを可能とする技術です。

　ネットワーク環境を仮想化した場合、物理的なサーバーと実際のサービスは仮想化技術によって分離して考えることができます。

　そのため、上の図のように、クラウド上のサービスを利用しているユーザーは、ネットワークの物理的な構成については気にする必要がありません。

　仮に、普段利用している物理的なサーバーに障害が発生した場合でも、ネットワーク仮想化技術により、瞬時にネットワーク接続が別サーバーに切り替わり、継続してサービスを利用することができます。

オンプレミスのサーバーと比較しても、「サーバーの故障によりサービスが停止してしまった」というケースが非常に少ない

03

AWS以外の
クラウドサービス

 ## AWS以外にどんなクラウドサービスがあるの?

　AWS以外のクラウドサービスとしては、Microsoft社のAzure、Google社のGCP(Google Cloud Platform)などがあります。

　昨年度の調査によれば、AWSの市場シェアは32%以上あり、クラウドサービスの市場シェア、No.1の存在となっています。

　続いて、Azureが19%、GCPが7%となっており、この3社が、クラウドサービスの市場シェアにおけるトップ3となっています。

2020年度クラウドサービス市場シェア

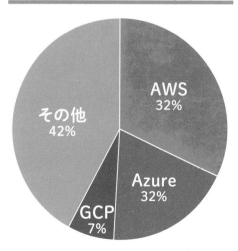

出典：Global cloud infrastructure market Q3 2020 (https://www.canalys.com/newsroom/worldwide-cloud-market-q320) をもとに作成

Azure：Microsoft社が提供するクラウドサービス

　Microsoft社のAzureは、2010年にサービスが開始されました。Windows OSやMicrosoft Office製品で有名なMicrosoftですが、AzureはこれらのMicrosoft製品との親和性が高いのが特徴です。

　また、Microsoftはデータベース市場で高いシェアを持つSQL Serverの開発元でもあり、SQL Serverを利用したシステムをオンプレミスからクラウドに移行しやすいのも特徴の1つと言えます。

　最近のMicrosoftは、Apple社のiOSや、Google社のAndroid、オープンソースのLinuxなど、さまざまなプラットフォームで稼働するサービスの提供にも積極的に力を入れています。

Azureのポータルサイト

クラウド コンピューティング サービス｜Microsoft Azure
https://azure.microsoft.com/ja-jp/

GCP：Google社が提供するクラウドサービス

　Google社のGCPは、2008年にサービスが開始されました。Googleといえば、検索エンジンの他、GmailやGoogleドキュメント、GoogleマップやGoogleフォトなどのクラウドサービス（SaaS）が有名ですが、これらのクラウドサービスもGCPを基盤として構築されています。

　また、クラウドサービスは仮想化技術によって構築されたインフラの上で稼働するサービスですが、その仮想化技術のなかで近年、最も利用されているコンテナ型仮想化技術においても、Googleの技術は他社をリードする存在となっています。

GCPのポータルサイト

クラウド コンピューティング サービス ｜ Google Cloud
https://cloud.google.com/

この章のまとめ

Chapter01では、まずはAWSとは何か、クラウドとは何か、と言った、AWSを学ぶにあたり最も基本的な事柄の説明を行いました。

AWSは、世界最大のECサイトとして有名なAmazonが提供するクラウドサービスです。AWSは、クラウド上のサーバーやデータベースシステム、ストレージなどをサービスとして提供します。

そもそもクラウドとは、インターネットを経由して提供されるサービスのことを言い、ソフトウェアを提供するクラウドサービス（SaaS）、プラットフォームを提供するクラウドサービス（PaaS）、インフラを提供するクラウドサービス（IaaS）の3つに大きく分類することができます。

このうち、AWSはPaaSやIaaSに分類され、AWSユーザーは、AWS上に独自のシステムを構築することができます。

AWSは、AmazonのECサイトを運用し続けてきたノウハウがあり、またクラウドサービスを最も早く一般公開した実績もあり、現在、世界中で最も利用されているクラウドサービスです。

Chapter

02

↓

AWS をはじめよう

AWSのアカウントを作ろう

 ## AWSのアカウントの種類

AWSには、2種類のアカウントが存在します。

1つめが、**ルートユーザー**というアカウントです。ルートユーザーは、AWSにアカウントを作成する際、最初に作るアカウントで、AWSから提供されているすべてのサービスを利用することができます。

2つめが、**IAMユーザー**というアカウントです。IAMユーザーの「IAM」は、「Identity and Access Management」の略語で、「アイアムユーザー」と呼びます。「Identity and Access Management」の日本語訳は、「IDおよびアクセス管理」です。

IAMユーザーは、ルートユーザーが作成します。IAMユーザーが利用できるサービスは、ルートユーザーによって、IAMユーザーごとに割り当てられます。

ルートユーザーがIAMユーザーを作成する

ルートユーザー　　　IAMユーザーの　　　IAMユーザー
　　　　　　　　　作成とサービスの
　　　　　　　　　利用権限を付与

「なぜ、IAMユーザーが必要なの？　ルートユーザーだけで良いのでは？」と思った方もいらっしゃるかも知れません。

　この疑問に関する回答としては、「会社には複数の人たちがいて、複数の役割と権限があるのと同様に、**AWSのサービスを利用する人たちも複数の役割と権限を与えた方が、セキュリティ上安全だから**というのが答えです。

　たとえば、会社には営業部の人たちと経理部の人たちがいます。営業部の人たちは、経理部の人たちが閲覧・編集している給与データやそのほかのお金に関するデータを閲覧できてしまうのは問題がありますし、逆に経理部の人たちは、営業部の人たちの営業実績データや営業活動記録を閲覧できてしまうのも問題があります。

IAMユーザーで権限を管理する

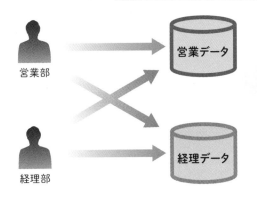

営業部は営業データしか
アクセスさせない
経理部は経理データしか
アクセスさせない

　そのため、ルートユーザーは、役割ごとに適切にIAMユーザーを作成し、サービスの利用権限を付与する必要があるのです。

　もちろん、ルートユーザーのアカウント1つについて、IAMユーザーのアカウントは複数作成することができます。

　たとえば、フロントエンド開発チームとバックエンド開発チームでIAMユーザーを分けるなど、さまざまなIAMユーザーアカウントの利用方法が考えられます。

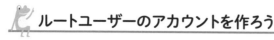

ルートユーザーのアカウントを作ろう

　では、本項より、AWSのルートユーザーのアカウントを作成して、実際にAWSに触れながら学習を進めたいと思います。

　AWSにルートユーザーのアカウントを作成するには、以下のURLにアクセスします。

アマゾンウェブサービス

https://aws.amazon.com/jp/

AWSのポータルサイト

「無料でお試しください」
をクリック

　前ページの画面のようなWebページが開きますので、赤枠に囲まれた「無料でお試しください」ボタンをクリックします。

　こちらのボタンからアカウントを作成することで、AWSに最初にサインアップした日から12か月間、いくつかのサービスを無料で利用できます。ボタンをクリックすると、次のようなWebページが開きます。

AWSを無料利用枠から始める

「まずは無料で始める」を
クリック

　このWebページに記載があるとおり、無料枠には次の3種類があります。

無料枠の種類

常に無料	無料利用枠に有効期限がない
12か月間無料	AWSにサインアップした日から12か月間は無料
トライアル	使用を開始してから一定期間は無料

これらの無料枠は、サービスの種類によって異なります。

このWebページでは、前ページの画面の赤枠内にある、「まずは無料で始める」ボタンをクリックします。これをクリックすると、次のようなページが表示されます。

サインインのページ

「新しいAWSアカウントの作成」をクリック

　まだAWSのアカウントを持っていない前提で本書を進めますので、赤枠内の「新しいAWSアカウントの作成」ボタンをクリックします。すでにAWSのルートユーザーのアカウントやIAMユーザーのアカウントをお持ちの場合は、「ルートユーザー」もしくは「IAMユーザー」のいずれかサインインするアカウントの種類を選択し、ルー

トユーザーのアカウントの場合はルートユーザーを作成したときの
メールアドレス、IAMユーザーの場合は該当アカウントのアカウン
ト ID（12桁）またはアカウントエイリアスを入力します。すでに作成
したルートユーザーやIAMユーザーのアカウントを用いてAWSにサ
インインする方法については、あとで述べます。

　さて、前ページの画面にて、「新しいAWSアカウントの作成」ボタ
ンをクリックすると、次のようなWebページが表示されます。

<u>ルートユーザーの作成ページ</u>

aws

新しい AWS アカウントで無料利用
枠の製品をご覧ください。

詳細については、aws.amazon.com/free をご覧
ください。

AWS にサインアップ

E メールアドレス
この E メールアドレスを使用して、新しい AWS アカウ
ントにサインインします。

パスワード

パスワードを確認

AWS アカウント名
アカウントの名前を選択します。この名前は、サイン
アップ後にアカウント設定で変更できます。

office@ikachi

続行（ステップ 1/5）

既存の AWS アカウントにサインインする

「続行」をクリック

このページでは、AWSのルートユーザーを作成します。

ルートユーザーの作成に必要なもの

Eメールアドレス	ルートユーザーのメールアドレス
パスワード	上記メールアドレスでサインインする際のパスワード
パスワードを確認	「パスワード」と同じものを再入力
AWSアカウント名	これから作成するAWSアカウントの名前

　「AWSアカウント名」は、後で変更することができます。上記の内容を入力したら、「続行（ステップ 1/5）」をクリックします。これをクリックすると、次のようなWebページが表示されます。

法人・個人の情報を入力

aws

無料利用枠の提供

すべてのAWSアカウントでは、ご使用の製品に応じて3種類の無料提供を利用できます。

常に無料
無期限

12か月間無料
最初のサインアップ日から開始

トライアル
サービスのアクティブ化の日付から開始

AWS にサインアップ

連絡先情報

AWSはどのように使用されますか？
○ ビジネス - 職場、学校、組織向け
● 個人 - ご自身のプロジェクト向け

このアカウントに関する問い合わせ先はどこですか？

フルネーム
Takayuki Ikarashi

電話番号
国コードと電話番号を入力してください。
09012345678

国または地域コード
日本 ▼

住所
hoge

アパート、棟、ビル、階など

市区町村
foo

州/都道府県または地域
bar

郵便番号

　ルートユーザーのアカウントに関する情報を入力します。これら
の情報を入力したら、ページ下部の「続行（ステップ 2/5）」ボタンを
クリックします。

「続行」ボタンをクリック

12 か月間無料
最初のサインアップ日から開始

トライアル
サービスのアクティブ化の日付から開始

フルネーム
Takayuki Ikarashi

電話番号
国コードと電話番号を入力してください。
09012345678

国または地域コード
日本

住所
hoge

アパート、棟、ビル、階など

市区町村
foo

州/都道府県または地域
bar

郵便番号
0123456

☑ AWS カスタマーアグリーメント の条項
を読み、同意します

続行 (ステップ 2/5)

「続行」をクリック

クレジットカードを入力

「確認して次へ」を
クリック

クレジットカードに関する情報を入力するWebページが表示され
ます。入力したら、「確認して次へ（ステップ 3/5）」ボタンをクリッ
クします。

本人確認が必要

AWS にサインアップ

本人確認

AWS アカウントを使用する前に、電話番号を検証する必要があります。続行すると、AWS の自動化システムから、お客様に検証コードをお知らせします。

検証コードの受け取り方法
- ⦿ テキストメッセージ (SMS)
- ○ 音声通話

国または地域コード

| 日本 (+81) ▼ |

携帯電話番号

| 01234567890 |

セキュリティチェック

| 652fz8 | 🔊 ↻ |

上に表示された文字を入力してください

| 652fz8 |

SMS を送信する（ステップ 4/5）

「SMSを送信する」を
クリック

　このページでは、AWSにサインアップする前に、指定した携帯電話番号に検証コードを送信します。検証コードは、テキストメッセージか音声通話かを選択することができます。

　このページの下部にあるセキュリティチェックは、表示されている画像とまったく同じ文字列を入力します。セキュリティチェックを行う理由は、コンピューターによって自動的に行われた操作を防ぐためのものです。最近では、人工知能アルゴリズムによって画像認識の精度があがり、画像から文字データを取得することができるようになりましたが、それでもこのセキュリティチェックに表示さ

れているようなノイズが大きい画像からは、文字データを取得するのが大変難しい状況です。そのため、コンピューターから自動的にAWSのアカウントを作成されてしまうことを防ぐため、このような仕組みが適用されています。

　さて、本書では「テキストメッセージ(SMS)」を選択します。これを選択すると、ボタンには「SMSを送信する (ステップ 4/5)」と表示されますので、これをクリックします。これをクリックすると、次のようなWebページが表示されます。さらに、入力した携帯電話番号に、ショートメールメッセージにて、4桁の検証コードが届きます。この4桁の検証コードは、いま表示されている、「コードを検証」の入力欄に入力します。

検証コードを入力

検証コードを入力して、「続行」をクリック

　携帯電話番号に届いた4桁の検証コードを入力し、「続行 (ステップ 4/5)」をクリックします。入力した検証コードが正しければ、次のようなWebページに遷移します。

サポートプランを選択

AWS にサインアップ

サポートプランを選択

ビジネスアカウントまたは個人アカウントのサポートプランを選択します。プランと料金の例を比較します。プランは、AWS マネジメントコンソールでいつでも変更できます。

- ベーシックサポート - 無料
  - AWS の使用を開始したばかりの新規ユーザーにお勧め
  - AWS リソースへの 24 時間 365 日対応のセルフサービスアクセス
  - アカウントと請求の問題のみ
  - Personal Health Dashboard と Trusted Advisor へのアクセス

- デベロッパーサポート - 29 USD/月から
  - AWS を試用するデベロッパーにお勧め
  - 営業時間中の AWS サポートへの E メールでのアクセス
  - 12 (営業) 時間の応答時間

- ビジネスサポート - 100 USD/月から
  - AWS での商務動のワークロードの実行にお勧め
  - E メール、電話、チャットによる 24 時間年中無休のテクニカルサポート
  - 1 時間の応答時間
  - Trusted Advisor のベストプラクティスに関するすべての推奨事項

 エンタープライズレベルのサポートが必要ですか？
1 か月あたり 15,000 USD から。担当のテクニカルアカウントマネージャーが 15 分間応対し、コンシェルジュ形式のサービスをご利用いただけます。詳細はこちら

[サインアップを完了]

「サインアップを完了」
をクリック

　このWebページでは、どのようなサポートプランでAWSを利用するかを選択します。

　・ベーシックプラン
　・デベロッパーサポート
　・ビジネスサポート

3種類のサポートプランがありますが、本書では、まずはAWSを学習することが目的ですので、無料プランの「ベーシックサポート」を選択します。

　「ベーシックサポート」が選択されていることを確認したら、ページ下部の「サインアップを完了」ボタンをクリックします。

　次のようなWebページが表示されれば、AWSのルートアカウントの作成は完了です。「AWSマネジメントコンソールへ進む」ボタンをクリックしてください。

ルートユーザーの作成完了

おめでとうございます

AWSにサインアップしていただき、ありがとうございます。
数分程度でアカウントが有効になります。完了するとEメールが届きます。

AWS マネジメントコンソールへ進む

別のアカウントにサインアップするかorお問い合わせください。

「AWSマネジメント
コンソールへ進む」
をクリック

これをクリックすると、次のようなWebページに遷移します。

AWSのマネジメントコンソール ページ

　このページは、**AWSマネジメントコンソール**と言います。このページは、AWSのさまざまなサービスを利用できるように設定したり、サービスを利用するためのAPIを設定したり、IAMユーザーのアカウントを作成したりするための、非常に重要なページです。

　ブラウザのお気に入りに登録したり、ショートカットをデスクトップに作成したりしておき、すぐにこのWebページを開けるようにしておくと便利です。

　次項では、このAWSマネジメントコンソールより、IAMユーザーのアカウントを作成するところから説明します。

IAMユーザーのアカウントを作ろう

　前項では、ルートユーザーの作成を行いました。本項では、前項で作成したルートユーザーに紐づくIAMユーザーを作成してみましょう。

IAMユーザーはルートユーザーが作成

前項で作成したルートユーザー

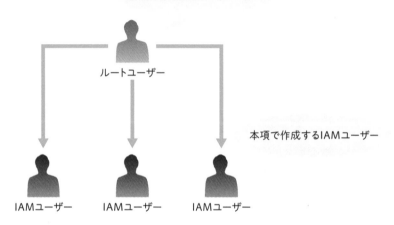

ルートユーザー

本項で作成するIAMユーザー

IAMユーザー　　IAMユーザー　　IAMユーザー

　前項で説明したとおり、ルートユーザーは、IAMユーザーごとに利用可能なサービスを割り当てることができます。そのため、たとえばフロントエンドエンジニア（Webアプリケーションの開発者）とバックエンドエンジニア（サーバーサイドの開発者）でIAMユーザーを分けることにより、お互いの開発が競合することがない環境を構築することができます。

IAMユーザーとサービスを紐づけ

Amazon EC2
Amazon S3

フロントエンド
エンジニア

フロントエンドエンジニアとバックエンド
エンジニアで、利用可能なサービスに制
限を設けることができる

Amazon EC2
Amazon RDS

バックエンド
エンジニア

では、IAMユーザーを作成してみましょう。

まず、AWSマネジメントコンソールのページの上部にある、虫眼
鏡のアイコンのテキスト検索にて、"IAM"と入力してみてください。

すると、次の画面のように、サービス名に"IAM"という文字列が
含まれるサービスの一覧が表示されます。

IAMサービスを検索

ここをクリック

このテキスト検索は、AWSの豊富なサービスを探し出す際に大変有効です。

　それでは、"IAM"というサービス名で、"AWSリソースへのアクセスの管理"と書かれたサービス（表示されたサービスのなかで、いちばん上に表示されているかと思います）をクリックしてみてください。次の画面のようなWebページに遷移します。

IAMサービスのダッシュボード

「ユーザー」をクリック

　このページを**ダッシュボード**と言います。どのサービスも、ダッシュボードページから設定を行います。

　このIAMサービスのダッシュボードページから、IAMユーザーを作成します。ページ左側にある「ダッシュボード」のメニューより、「ユーザー」をクリックします。これをクリックすると、次のようなWebページに遷移します。

ここからIAMユーザーを作成

「ユーザーを追加」を
クリック

ページ上部の「ユーザーを追加」ボタンをクリックします。

ユーザー名を入力

前ページのようなWebページが表示されますので、まずはIAM
ユーザーのユーザー名を入力します。

　また、「アクセスの種類」として、「プログラムによるアクセス」と
「AWSマネジメントコンソールへのアクセス」の2つのチェックがあ
り、デフォルトでは「プログラムによるアクセス」にチェックが入っ
ています。

　「プログラムによるアクセス」は、プログラムからAWSが提供するサー
ビスを実行する際に使用する権限を、これから作成するIAMユーザー
に付与するかどうかを選択します。「AWSマネジメントコンソールへ
のアクセス」は、これから作成するIAMユーザーでもAWSマネジメン
トコンソールにログインする権限を付与するかどうかを選択します。

　本書では、これから作成するIAMユーザーにもAWSマネジメント
コンソールにログインする権限を付与するため、「AWSマネジメント
コンソールにログイン」にもチェックを入れます。これにチェックを
入れると、現在開いているWebページに追加項目が表示されます。

IAMユーザーでログインできるようにする

　新たに追加された項目は、「コンソールのパスワード」と「パスワードのリセットが必要」の2つです。

　「コンソールのパスワード」は、AWSマネジメントコンソールにログインするためのパスワードを自動生成するか、手動で任意のパスワードを入力するかを選択します。

　「パスワードのリセットが必要」は、これから作成するIAMユーザーで初回ログイン時、パスワードをリセットするかどうかを選択します。

　本書では、「コンソールのパスワード」に「カスタムパスワード」を選択して手動で任意のパスワードを入力し、「パスワードのリセットが必要」にチェックを入れます。

　すべて入力が終わったら、「次のステップ：アクセス権限」をクリックします。これをクリックすると、アクセス権限の設定を行うWebページが表示されます。

アクセス権限の設定

このページでは、これから作成する IAM ユーザーについて、アクセス許可の設定を行います。アクセス許可の設定は、たとえば「サービス A に対する読み取り専用権限」や「サービス A に対する管理者権限」、「サービス B に対する読み取り専用権限」や「サービス B に対する管理者権限」、「すべてのサービスにおける管理者権限」など、サービスごとに細かく設定可能な権限が分かれており、これから作成する IAM ユーザーにどのような使い方を想定しているかによって、細かな設定が可能です。

アクセス権限は、基本的に、利用する必要最低限のものだけを割り当てるのが定石です。これはすでに述べましたが、たとえば営業部の人が経理部のデータを閲覧しないように、セキュリティに関する問題であったり、うっかりまったく業務で関連のない人が使っているサービスの設定を変更してしまったりしないようにするためです。

さて、IAM ユーザーのアクセス許可の設定は、次の3種類から選択することができます。

・ユーザーをグループに追加
・アクセス権限を既存ユーザーからコピー
・既存のポリシーを直接アタッチ

「ユーザーをグループに追加」を選択すると、あらかじめアクセス許可の権限を設定したグループに IAM ユーザーを含めることで、IAM ユーザーごとにアクセス許可の設定をする必要がなくなります。たとえば、バックエンドエンジニアのグループを作成しておき、そのグループに対してバックエンドエンジニアに必要なアクセス許可の権限を割り当てておけば、そのグループに IAM ユーザーを追加することで、IAM ユーザーごとにアクセス許可を設定する必要がなくなります。

グループとは

バックエンドエンジニア　グループ

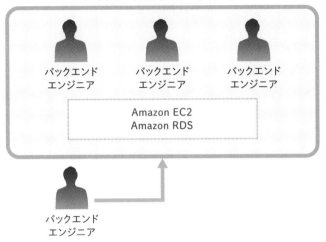

「アクセス権限を既存ユーザーからコピー」を選択すると、すでに作成済みにIAMユーザーに設定しているアクセス許可の権限を、これから作成するIAMユーザーのアクセス許可の権限にコピーすることができます。

既存IAMユーザーからコピー可能

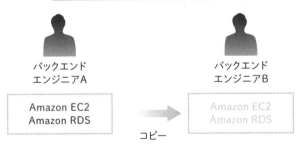

「既存のポリシーを直接アタッチ」を選択すると、IAMユーザーに対して個々にアクセス権限を設定します。**ポリシー**や**アタッチ**などという単語が出てきましたが、ポリシーとは、日本語で政策のことを意味し、AWSサービスのアクセス許可の設定のことを示していると考えてください。アタッチとは、IAMユーザーに対し、権限を割り当てる行為のことと考えてください。要は、これから作成するIAMユーザーに対し、個別にアクセス権限を設定することができます。

個別にアクセス権限を設定する

IAMユーザー

☑ Amazon EC2
☑ Amazon RDS
☐ Amazon S3
☐ Amazon VPC

　本書では、「ユーザーをグループに追加」を選択することにします。そのためには、あらかじめグループを作成しておく必要があります。
　その場合、「グループの作成」ボタンをクリックします。

グループを作成する

ユーザーを追加

1 **2** 3 4 5

▼ アクセス許可の設定

- ユーザーをグループに追加
- アクセス権限を既存のユーザーからコピー
- 既存のポリシーを直接アタッチ

ℹ グループの開始方法
グループをまだ作成していません。ユーザーのアクセス権限は、グループを使ってジョブ機能、AWS サービスへのアクセス、カスタムのアクセス権限別に管理するのが最善の方法です。グループを作成して開始してください。詳細はこちら

グループの作成

▸ アクセス権限の境界の設定

「グループの作成」を
クリック

　これをクリックすると、次のように、作成するグループのグループ名と、そのグループに許可するアクセス権限を設定するページが表示されます。

グループごとに権限を設定

グループ名には任意の文字を入力し、そのグループにどのような
アクセス権限を許可するかを設定するのですが、前ページの画面の
ように、アクセス権限には大変多くの種類があり、どれを設定すれ
ばよいのか迷ってしまいます。これらのアクセス権限は、

　　・さまざまなシーンを想定したポリシーによるアクセス権限
　　　（Policy summary）

　　・サービスの種類によるアクセス権限
　　　（Service summary）

　　・どのような行動をとるかによって設定するアクセス権限
　　　（Action summary）

の３つがあります。

ポリシーによって付与されるアクセス許可について
https://docs.aws.amazon.com/ja_jp/IAM/latest/UserGuide/
access_policies_understand.html

またAWSは、行動によるアクセス制限を以下のように分類します。

AWSのアクセス制限の種類

List	サービス内のリソースを一覧表示するアクセス許可
Read	サービス内のリソースのコンテンツと属性を読み取るアクセス許可
Write	サービス内のリソースを作成、削除、または変更するアクセス許可
Permissions management	サービスのリソースに対するアクセス許可を付与または変更するアクセス許可
Tagging	リソースタグの状態のみを変更するアクションを実行する権限

少々わかりづらいですが、つまりはサービス名の後ろに"ReadOnly"の文字列が付記されている場合、そのサービスの読み取り専用権限を付与したり、"ReadWrite"の文字列が付記されている場合、そのサービスの読み取りと書き込み権限を付与したりすることができます。

本書執筆(2021年6月)の時点で、663ものアクセス許可ポリシーが用意されていますので、本書ではこれ以上詳しくは述べませんが、AWSのすべてのサービスを利用できる権限をIAMユーザーに付与する場合は、「AdministratorAccess」を選択します。

AWSのアクセス権限に関する詳しい説明は、以下のサイトをご覧ください。

AWSリソースのアクセス管理

https://docs.aws.amazon.com/ja_jp/IAM/latest/UserGuide/access.html

AWSリソースのアクセス管理ページ

　では、本書ではグループ名を「Administrators」とし、このグループに属するIAMユーザーに「AdministratorAccess」権限を付与するものとします。

　「ポリシーのフィルタ」に"AdministratorAccess"と入力すると、該当するポリシーが表示されますので、これにチェックを入れて「グループの作成」ボタンをクリックしてください。

グループに権限を設定

❶「グループ名」
　を入力

　　　　　　　　　　　　　　　　「グループ名の作成」
　　　　　　　　　　　　　　　　をクリック

❷チェックを入れる

　これをクリックすると、先ほどのページに戻りますので、「次のス
テップ：タグ」ボタンをクリックします。

「次のステップ」をクリック

「次のステップ:タグ」
をクリック

これをクリックすると、「タグの追加」ページに遷移します。

タグの追加ページ

　タグとは、IAMユーザーに付記する情報です。たとえば、IAMユーザーに「mail」というタグを付記することで、このIAMユーザーに対して、メールアドレスに関する情報を追加することができます。

タグについて

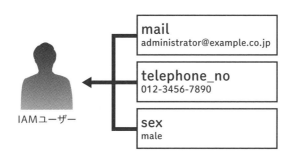

　適宜、必要に応じてタグ情報を入力したら、「次のステップ：確認」ボタンをクリックします。

ユーザーの作成

ここをクリック

ユーザーを追加　　　　　　　　　　1　2　3　**4**　5

確認

選択内容を確認します。ユーザーを作成した後で、自動生成パスワードとアクセスキーを確認してダウンロードできます。

ユーザー詳細

ユーザー名	Administrator
AWS アクセスの種類	プログラムによるアクセス と AWS マネジメントコンソールへのアクセス
コンソールのパスワードの種類	カスタム
パスワードのリセットが必要	はい
アクセス権限の境界	アクセス権限の境界が設定されていません

アクセス権限の概要

上記のユーザーは、次のグループに追加されます。

タイプ	名前
グループ	Administrators
管理ポリシー	IAMUserChangePassword

タグ

新しい ユーザー は次のタグを受け取ります

キー	値
mail	administrator@exsample.co.jp

キャンセル　戻る　**ユーザーの作成**

© 2006 - 2021 Amazon Web Services, Inc. またはその関連会社。無断転載

　このページは、これから作成するIAMユーザーの情報に間違いが
ないかを確認するためのページです。間違いがなければ、「ユーザー
の作成」ボタンをクリックします。
　しばらく待つと、次のようなWebページに遷移します。

作成したIAMユーザーを確認

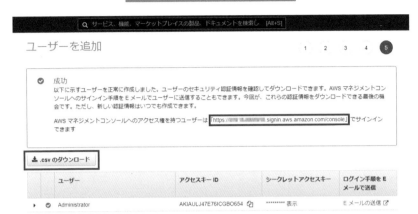

URLのリンクと「.csvのダウン
ロード」ボタンがあるね

　このページは、さきほど作成したIAMユーザーでAWSにサインイ
ンする方法について、記載されています。

　記載されている内容を忘れないようにするために、「.csvのダウン
ロード」をクリックし、記載されている内容をCSVファイル形式でダ
ウンロードし、保管しておいた方がよいでしょう。CSVファイルには、
「シークレットアクセスキー」の内容も保存されていますので、紛失
しないようにしてください。

　試しに、さきほど作成したIAMユーザーでAWSにサインインして
みましょう。「成功」と書かれた枠のなかに記載されているURLをク
リックしてみてください。ちなみにこのURLには、

https://[12桁の数値].signin.aws.amazon.com/console

のように、12桁の数値が含まれています。この12桁の数値は、**アカウントID**と呼ばれるものです。IAMユーザーでサインインする際、上記のようにアカウントIDが含まれたURLにアクセスするか、もしくはサインイン時にアカウントIDを指定する必要があります。そのため、このURLは忘れないようにブラウザの「お気に入り」にも登録しておくと良いでしょう。「.csvのダウンロード」ボタンをクリックして出力されたCSVファイルにも、当該URLは記載されています。

さて、次のページの画面のようにURLをクリックすると、次のように、「IAMユーザーとしてサインイン」のページが表示されます。

作成したIAMユーザーでサインイン

入力項目の内容は、次のとおりです。

IAMユーザーのログイン時に必要なもの

アカウント ID（12桁）または アカウントエイリアス	前ページのリンクからきた場合は、初期表示される
ユーザー名：	IAMユーザーを作成したときのユーザー名
パスワード：	ユーザー名と同じページで入力したパスワード

　若干紛らわしいのが、「パスワード」で、これは「ユーザー名」を指定したときと同じページで入力した「パスワード」を入力します（43ページ参照）。

　69ページの「アクセスキー ID」や「シークレットアクセスキー」ではありませんので、ご注意ください。

　上記を入力したら、「サインイン」ボタンをクリックします。入力した内容が正しければ、次のようなWebページに遷移します。

初期パスワードを変更する

AWS アカウント　▓▓▓▓▓▓▓

IAM ユーザー名　Administrator

古いパスワード　●●●●●●●●●●●●●●●●●●●●●●

新しいパスワード　●●●●●●●●●●●●●●●●●●●●●●

新しいパスワードを再入力　●●●●●●●●●●●●●●●●●●●●●●

パスワード変更の確認

ルートユーザーの E メールを使用したサインイン

日本語

利用規約 プライバシーポリシー © 1996-2021. Amazon Web Services, Inc. or its affiliates.

　このページは、IAMユーザーの「ユーザー名」や「パスワード」を指定するページにて、「パスワードのリセットが必要」にチェックを入れた場合のみ、表示されます。この場合、新たなパスワードを設定して、「パスワード変更の確認」ボタンをクリックします。

　これをクリックすると、該当するIAMユーザーのパスワードが変更されますので、入力したパスワードの内容は忘れずに保管しておきましょう。

　さて、次のようにAWSのコンソールページが表示されていれば、完了です。

AWS マネジメントコンソールのページ

　さきほど作成したIAMユーザーについて、新たなアクセス権限を付与したり、アクセス権限をはく奪したりするのは、ルートユーザーで行うことができます。

　その場合はルートユーザーでサインインし、IAMユーザーを作成したときと同様、「AWSリソースへのアクセスの管理」のダッシュボードより「ユーザー」を選択し、該当ユーザーを選択することで、再度アクセス権限の設定ページを表示することができます。

　次節では、AWSマネジメントコンソールの使い方について、もう少し詳しく説明します。

基本的な使い方

 マネジメントコンソールを使ってみよう

では、前節で作成したIAMユーザーで、AWSにサインインしましょう。前節では、IAMユーザーを作成時にアカウント情報が記載されているCSVファイルを記載したり、アカウントにサインインする際のURLをブラウザの「お気に入り」に登録したりしておくようにお勧めしました。もし上記を行っておらず、アカウントIDが不明な場合、ルートユーザーでIAMユーザーのアカウント情報を確認することができます。ルートユーザーでサインインするには、まずはAWSのWebサイトのトップページにアクセスします。

AWSのポータルサイト

「コンソールにサイン
イン」をクリック

　AWSのトップページが表示されたら、ページ右上の「コンソール
にサインイン」ボタンをクリックします。

AWSのサインインページ

　上記のように、サインインの際にルートユーザーとIAMユーザーのどちらでサインインするかを選択することができます。

　ルートユーザーでサインインする場合は、ルートユーザーを作成する際に入力したメールアドレスが必要となります。

　IAMユーザーでサインインする場合は、前述のとおり、アカウントIDが必要となります。

　もし、前ページの「コンソールにサインイン」ボタンをクリックしたとき、すでにサインインした状態でコンソールページが開いた場合、改めて別のユーザーで入りなおしたい場合は、右上に表示されているユーザー名をクリックして表示されるプルダウンメニューより、「サインアウト」をクリックします。

サインアウトするには

「サインアウト」を
クリック

さて、IAMユーザーでサインインできたでしょうか？

この「AWSマネジメントコンソール」が、AWSにてさまざまなサービスを利用できるようにしたり、サービスのAPIキーを取得したり、IAMユーザーを管理したりするためのページです。

ルートユーザーでログインしたときとまったく同じページですね。すでにIAMユーザーを作成したときに、このAWSマネジメントコンソールを使用したとおり、まずは利用したいサービスを探すには、ページ上部よりテキスト検索を行います。サービスは、各々のサービスの**ダッシュボード**ページで設定を行います。

例として、後述するAmazon EC2のダッシュボードを開いてみましょう。**Amazon EC2**とは、仮想サーバーを利用するためのサービスです。それでは、マネジメントコンソールのテキスト検索より、"EC2"と入力してみてください。

EC2サービスを検索

「EC2」をクリック

　前ページの画面のように、"EC2"という文字列が含まれたサービスの一覧が表示されます。ちなみに現在、ルートユーザーではなくIAMユーザーでサインインしていますが、本書の場合、このIAMユーザーにはAdministratorAccess権限を付与していますので、AWSが提供するすべてのサービスについて利用できる権限を保有しています。もし、Amazon EC2を利用することができないIAMユーザーでサインインしている場合は、ルートユーザーでサインインしなおすか、IAMユーザーにAmazon EC2を利用する権限を付与してください。

　"EC2"の検索結果は、前ページの画面のように複数件表示されますが、そのなかから「EC2」(クラウド内の仮想サーバー)という表記のサービスをクリックします。

　これをクリックすると、「EC2ダッシュボード」ページが表示されます。

EC2サービスのダッシュボード

　このページにて、EC2のインスタンス(実体)を作成したり、既存のEC2のインスタンスを破棄したりすることができます。

ほかのAWSのサービスについても同様に、まずはマネジメントコンソールのページより利用するサービスを探し、各々のサービスのダッシュボードのページにて、サービスごとの設定を行います。

各ダッシュボードページへ

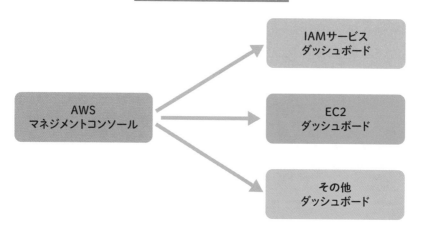

　EC2については、Chapter03の「Amazon EC2を使ってみよう」にて詳しく説明します。

 ## ダッシュボードを使ってみよう

　前節ではIAMサービスのダッシュボードからIAMユーザーを作成し、EC2サービスのダッシュボードを開くところまで解説しました。
　このように、AWSが提供するサービスは、サービスごとに設けられたダッシュボードで設定します。
　サービスによって設定する内容は違いますので、ダッシュボードの内容も異なります。

IAMサービスのダッシュボード

　上の画面は、IAMサービスのダッシュボードです。これに対し、EC2サービスのダッシュボードは、次のとおりです。

EC2サービスのダッシュボード

ダッシュボードの構成

❶	ダッシュボードのメニュー一覧
❷	選択したメニューによる設定内容
❸	ダッシュボードのトップページに表示される追加情報等
❹	サービスの検索テキスト
❺	アカウントや初期リージョンの切り替え等

　AWSのダッシュボードの構成は、IAMサービスやEC2サービスに限らず、上記のような構成になっています。

　ダッシュボードのページを開いたら、まずは❶の枠内より、サービスの設定に関するメニューをクリックします。

　すると、クリックしたメニューに該当する内容が❷に表示されます。

　❸は、ダッシュボードのトップページに表示されます。現在選択しているAWSのサービスに関する追加情報や関連サービス等が表示されます。

　❹は、サービスを検索したり、サービスのドキュメントを検索したりするための検索テキストです。すでにIAMサービスやEC2サービスを検索するときに利用しましたね。

　❺は、アカウントに関する情報や、リージョンに関する情報が表示されています。**リージョン**とは、AWSサービスを利用する際のデータセンターの地理的な場所のことを言います。

近くのリージョンを選ぼう

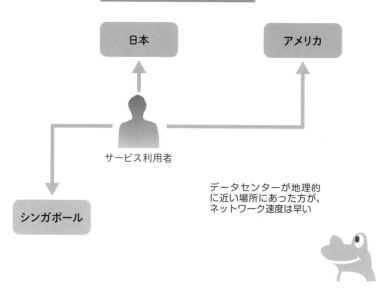

サービスを利用する際、データセンターの位置がサービス利用者に近い方が、ネットワークの通信速度も早いですので、**なるべくサービスが利用される地域に近いリージョンを選択すること**をお勧めします。IAMサービスなどの一部のサービスについては、リージョンを選択することができません。

　本書執筆時点（2021年6月現在）にて、AWSのリージョンには、次のような種類があります。

AWSのリージョン

リージョン名	コード
米国東部（オハイオ）	us-east-2
米国東部（バージニア北部）	us-east-1
米国西部（北カリフォルニア）	us-west-1
米国西部（オレゴン）	us-west-2
アフリカ（ケープタウン）	af-south-1
アジアパシフィック（香港）	ap-east-1
アジアパシフィック（ムンバイ）	ap-south-1
アジアパシフィック（大阪）	ap-northeast-3
アジアパシフィック（ソウル）	ap-northeast-2
アジアパシフィック（シンガポール）	ap-southeast-1
アジアパシフィック（シドニー）	ap-southeast-2
アジアパシフィック（東京）	ap-northeast-1
カナダ（中部）	ca-central-1
中国（北京）	cn-north-1
中国（寧夏）	cn-northwest-1
欧州（フランクフルト）	eu-central-1
欧州（アイルランド）	eu-west-1
欧州（ロンドン）	eu-west-2
ヨーロッパ（ミラノ）	eu-south-1
欧州（パリ）	eu-west-3
欧州（ストックホルム）	eu-north-1
中東（バーレーン）	me-south-1
南米（サンパウロ）	sa-east-1

出典：https://docs.aws.amazon.com/ja_jp/AWSEC2/latest/UserGuide/using-
　　　regions-availability-zones.htmlをもとに作成

　表に記載されている「コード」は、リージョンを識別するための一意となる文字列です。プログラムからサービスを利用する際、リージョンを指定するときはこの「コード」を用います。

　また、**リージョンによっては、利用できないサービスもあります**ので注意してください。

リージョンとサービス

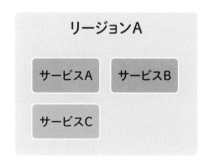
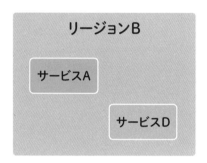

リージョンによって利用できるサービスが違う！

　AWSのサービスは、同じユーザーで利用しているサービスでも、リージョンが違えば別のものとして扱われます。そのため、ユーザーAで「アジアパシフィック（東京）」で利用しているEC2サービスは、同じユーザーAであっても、「米国東部（オハイオ）」リージョンのEC2サービスとは別物です。

リージョンが違えば別物となる

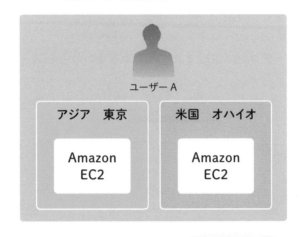

リージョンが違えば、同じサービスでも別物とみなされる

IAMユーザーからルートユーザーに切り替えるには

　本書に沿ってAWSを学習されている場合、現在、IAMユーザーでAWSにサインインしているかと思います。そこでいったん、IAMユーザーからルートユーザーに切り替える方法について、本項で説明します。

　まずIAMユーザーからサインアウトするには、ページ右上のアカウント名をクリックし、表示されるプルダウンメニューの一番下にある「サインアウト」をクリックします。

IAMユーザーからサインアウトする

「サインアウト」を
クリック

サインアウトした後に表示されるページ

「もう一度ログインする」
をクリック

「サインアウト」をクリックすると、前ページの画面のようなページが表示されます。中央にある「もう一度ログインする」ボタンをクリックしましょう。

「もう一度ログインする」ボタンをクリックし、次の画面のように「IAMユーザーとしてサインイン」と書かれたページが表示された場合、このページからはルートユーザーでサインインすることはできません。少々わかりづらいですが、「サインイン」ボタンの下にある「ルートユーザーのEメールを使用したサインイン」というリンクをクリックします。

サインアウトした後に表示されるページ

「ルートユーザーのE
メールを使用したサイン
イン」をクリック

すると、次のように、タイトルが「サインイン」と書かれたページが表示されます。

ルートユーザーでサインインできる

ルードユーザーを
選択し…

ルートユーザーのEメール
アドレスを入力して「次へ」
をクリック！

　このページでは、ルートユーザーとIAMユーザーのどちらでサインインするかを選択できますので、「ルートユーザー」を選択し、ルートユーザーのEメールアドレスを入力して「次へ」ボタンをクリックします。

　「セキュリティチェック」のページが表示されます。すでに説明したとおり、プログラムを用いて自動でサインインすることを防ぐためのセキュリティ上の仕組みです。白黒の画像に表示されている文字を入力し、「送信」ボタンをクリックします。

セキュリティチェックのページ

白黒の画像に表示されている文字を入力し、「送信」ボタンをクリック

　ルートユーザーのパスワードを入力するページが表示されますので、ルートユーザーのパスワードを入力し、「サインイン」ボタンをクリックします。

ルートユーザーのパスワードを入力

パスワードを入力し、
「サインイン」ボタンを
クリック

　ルートユーザーでサインインし、AWSマネジメントコンソールが
表示されます。

ルートユーザーでAWSマネジメントコンソールが表示される

今月の利用料金はいくら?

　AWSの利用料金は、月単位でサービスを利用した分だけ料金がかかる、**従量課金制**が適用されます。そのため、サービスの利用が少なかった月の利用料金を安く抑えることができます。

AWSは従量課金制

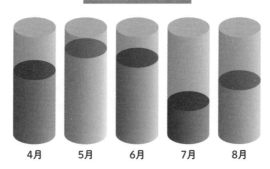

4月　　5月　　6月　　7月　　8月

　サービスの利用が少なかった月に関しては、常に一定の料金が発生するサブスクよりもお得ですが、逆にサービスの利用が非常に多かった月に関しては、料金が高額になってしまう可能性もあります。

\Column／

サブスクとは

「購読」を意味する英単語であるサブスクリプション（Subscription）の略語。サービスの利用の多い少ないに関わらず、定額料金で利用可能なサービスのこと。

　そのため、サービスの利用料金については、こまめにチェックすると良いでしょう。

　サービスの利用料金については、ルートユーザーのアカウントで確認することができます。
　そのため、現在、IAMユーザーでAWSにサインインしている場合は、いったんサインアウトしましょう。
　ルートユーザーでサインインしなおす方法については、前項で説明したとおりです。
　ルートユーザーでAWSマネジメントコンソールにサインインしたら、ページ上部の検索テキストに"Billing"と入力し、一番上に表示される「Billing」サービスをクリックします。

Billingサービスを検索

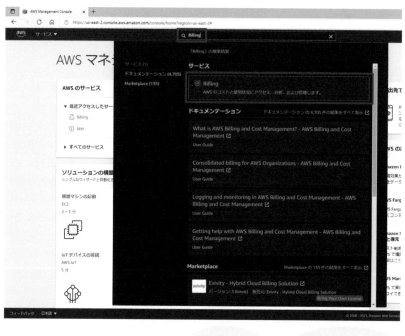

"Billing" と
入力し…

"Billing" サービスを
クリック

　これをクリックすると、今月の利用料金をグラフで可視化できる
ページが表示されます。

　また、ダッシュボードの左に表示されているメニューより、「Cost
Explorer」を選択すると、サービス単位でさらに詳細なコストを調べ
ることができます。

　「Cost Explorer」では、日次単位や月次単位でコストと使用量を可
視化することが可能です。

AWSのセキュリティ

 IAMユーザーによるアクセス権

Chapter02の第1節の「AWSのアカウントを作ろう」でも説明しましたが、AWSのセキュリティ対策の1つとしては、サービスごとに利用可能なユーザーを設定することで、ユーザーごとに不必要なサービスについてはアクセスできないようにするという考え方があります。

IAMユーザーで権限を管理する

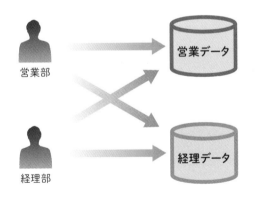

たとえば、プログラムからAWSのサービスを利用する場合でも、IAMユーザーに適切な権限を設定し、そのIAMユーザーを使うことで、参照できるデータを制限することができます。

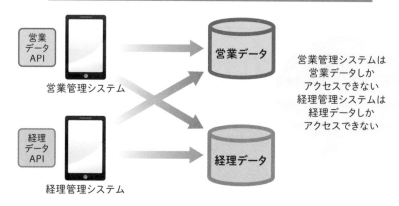

プログラムに割り当てたIAMユーザーで参照権限を設定

営業データ
API

営業管理システム

経理データ
API

経理管理システム

営業データ

経理データ

営業管理システムは
営業データしか
アクセスできない
経理管理システムは
経理データしか
アクセスできない

この図は、営業データにアクセスできるIAMユーザーで作成した「営業データAPI」を用いて作成した「営業管理」システムと、経理データにアクセスできるIAMユーザーで作成した「経理データAPI」を用いて作成した「経理管理」システムの図を表しています。

各々のAPIは、IAMユーザーの権限により、「営業データAPI」は営業データしか参照することはできませんし、「経理データAPI」は経理データしか参照することはできません。

APIを利用するプログラムのミスによって、「営業管理」システムから「経理データ」が参照できてしまったり、「経理管理」システムから「営業データ」が参照できてしまったりといったことは起こりえないのです。

AWSのアーキテクチャ

AWSのセキュリティに関するアーキテクチャについて、「ユーザー管理」「電子証明書管理」「暗号鍵管理」「ネットワーク」の4つの視点から説明します。

AWSのセキュリティに関するアーキテクチャ

ユーザー管理	AWS Identity and Access Management
電子証明書管理	AWS Certificate Manager
暗号鍵管理	AWS Key Management Service
ネットワーク	AWS Firewall Manager など

● ユーザー管理

　ユーザー管理については、前項でも説明した、IAMユーザーの作成とIAMユーザーに対する適切な権限付与によって実現するアクセス管理の仕組みです。これにより、特定のユーザーがアクセスできるサービスを制御することができます。

個別にアクセス権限を設定する

IAMユーザー

☑ Amazon EC2
☑ Amazon RDS
☐ Amazon S3
☐ Amazon VPC

● 電子証明書管理

　AWSの電子証明書管理は、「AWS Certificate Manager」というサービスで行います。**電子証明書**とは、運転免許証や健康保険証のような、身分証明書の電子版といえます。クラウドサービスは、電子証明書を適切に管理することにより、データの改ざんや盗聴、なりすましを防ぎます。

　たとえば、インターネットの通信を暗号化することで、安全に電子メールを宛先に送信することができるようになります。電子証明書には、その電子証明書が正式な電子証明書であることを保証する機関があり、その機関のことを**認証局**といいます。

電子証明書のしくみ

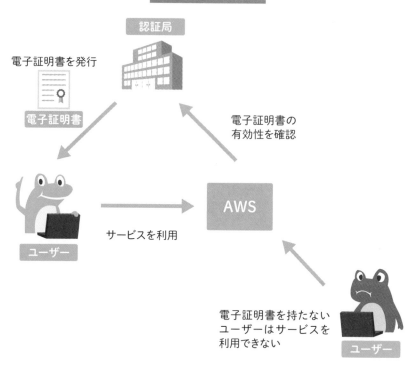

電子証明書を発行

電子証明書

認証局

電子証明書の
有効性を確認

AWS

サービスを利用

ユーザー

電子証明書を持たない
ユーザーはサービスを
利用できない

ユーザー

🔴 暗号鍵管理

　AWSの暗号鍵管理は、「AWS Key Management Service」というサービスで一元管理されます。**暗号鍵**とは、データを暗号化するためのアルゴリズムのことを言います。暗号化と復号化（暗号化されたデータを解除すること）に同じアルゴリズムを用いることを「共通鍵暗号化方式」と言い、暗号化と復号化に別々のアルゴリズムを用いることを「公開鍵（秘密鍵）暗号化方式」と言います。

　AWSの暗号鍵管理サービスは、HSM（Hardware Security Module）という、暗号鍵や電子証明書などの重要なデジタルデータを安全に保管するための暗号化プロセッサによってセキュリティを保護します。

暗号鍵のしくみ

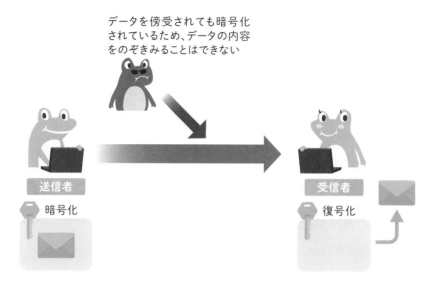

データを傍受されても暗号化
されているため、データの内容
をのぞきみることはできない

送信者　　暗号化

受信者　　復号化

● ネットワーク

　AWSのようなクラウドサービスを利用するためには、インターネット接続が必要となるため、ネットワークに関するセキュリティは特に重要です。

　AWSは、ファイアウォールなどのさまざまなネットワークセキュリティ対策が施されており、また、Webアプリケーションの脆弱性を突いた攻撃に対するセキュリティ対策の一つであるWAF（Web Application Firewall）を利用することも可能です。Webアプリケーションの脆弱性を突いた攻撃は、通常のファイアウォールでは防ぎきれないため、WAFは、ネットワークのセキュリティ保護には必要不可欠な存在です。

ファイアウォールのしくみ

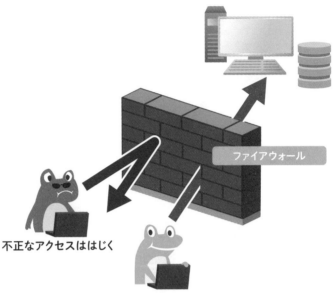

不正なアクセスははじく

正常なアクセスは通る

 ## AWSのネットワーク構成と通信の制御

　AWSのようなクラウドサービスのネットワークのセキュリティに関して、ネットワークのアーキテクチャを理解しての管理が必要となります。

AWSのネットワーク構成

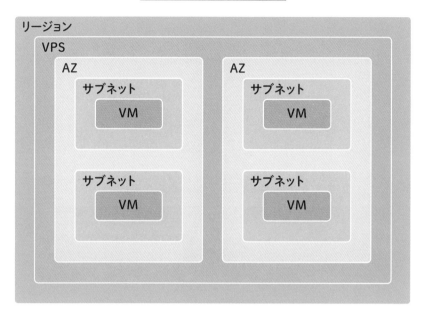

　AWSのネットワークは、リージョンのなかにVPC（Virtual Private Cloud）が存在し、VPCのなかにAZ（Availability Zone）が存在します。VPCとは、公共のネットワーク上に構築された仮想的なプライベートクラウドのことを言います。たとえば、AWSは公共のネットワークを利用しますが、AWSのマネジメントコンソールには、誰もがアクセスできるわけではなく、AWSのアカウントを作成したルートユーザーと、一部のIAMユーザーのみで、プライベートなネットワーク空間となっています。

　AZとは、リージョンの中にあるデータセンターを抽象化した概念のことを言います。

　ネットワークを論理的に細分化したものであるサブネットについては、AZをまたいで作成することはできません。また、リージョン

のなかにVPCが存在し、AZをまたいでサブネットを作成することはできません。

　AWSの通信は、サブネット上の「ネットワークACL」という機能によって制御されます。また、VM（Virtual Machine）上で設定可能な「セキュリティグループ」という機能によっても通信を制御することが可能です。

　VMとは、仮想マシンのことを言います。仮想マシンとは、仮想化技術によって作成されたコンピューターのことを言います。

仮想化技術による仮想マシンの例

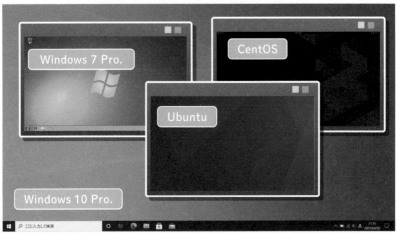

\Column/

クラウドサービスのセキュリティについて

　クラウドサービスを利用するときに注意すべき点について、以下の3つを注意してください。

　①過信は禁物
　②「野良無線LAN」に注意
　③ログインIDはしっかり管理

　①については、もしもクラウドサービスが利用できなくなった場合のことも考えておくべきという意味です。

　②については、どこが提供しているかわからない無線LANのアクセスポイントは使用しないという意味です。これは、悪意を持った者が用意した無線LANのアクセスポイントをうっかり利用してしまうと、IDやパスワードは容易に漏洩します。また、閲覧していたWebサイトの履歴もすべて知られてしまいますので、注意してください。

　③については、推測しやすいパスワードを使わないように心掛け、また付箋に書いてデスクトップに貼っておくなどといった行為は絶対に行わないようにしてください。

　上記のように、たとえクラウドサービスのセキュリティが強固であっても、利用するユーザーの不注意によって、機密情報が漏洩していまうといったことも十分に考えられます。

　セキュリティに関する問題は、会社の信頼を一気に失墜させかねる、非常に大きな問題です。クラウドサービスは、それを利用するユーザーも十分に高いセキュリティ意識をもって利用すべきでしょう。

この章のまとめ

　本章では、AWSのアカウントを作成したり、マネジメントコンソールを使ったりと、実際に手を動かしてAWSにさわって学習しました。

　次章以降では、AWSのなかでも利用ユーザーが多い、Amazon EC2、Amazon RDS、Amazon S3の3つのサービスを利用する方法を説明します。

　本章で学習した内容は、次章で学習する内容の予備知識と言えます。ルートユーザーからIAMユーザーを作成する方法や、IAMユーザーに利用可能なサービスの権限を付与する方法、そして、そもそもなぜ複数のIAMユーザーを作成して権限を割り振る必要があるのか、次章に入るまえに、しっかりとした知識を身に付けておきましょう。

Chapter

03

Amazon EC2 を

使ってみよう

 仮想サーバー Web アプリケーションを構築するサービス

Amazon EC2 は、Amazon Elastic Compute Cloud の略（英単語の頭文字をとると"ECC"だが、C が 2 つ続くので"EC2"となった）で、仮想サーバーを構築するためのサービスです。

ホームページを作成するときに契約するレンタルサーバーとの違いは、レンタルサーバーはすでに構築された環境が提供されるのに対し、クラウドサービスの EC2 はレンタルサーバーよりも自由度が高く、必要な環境を自分で構築できるところが挙げられます。

レンタルサーバーとクラウドサービスの違い

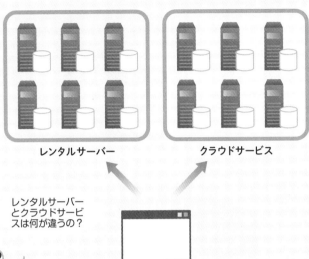

レンタルサーバー　　　　　　　クラウドサービス

レンタルサーバー
とクラウドサービ
スは何が違うの？

レンタルサーバーの場合

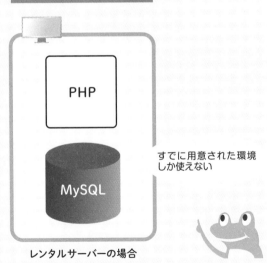

PHP

MySQL

すでに用意された環境
しか使えない

レンタルサーバーの場合

たとえばレンタルサーバーの場合、「OSはLinux、PHPとMySQL
が使えます」といったように、予め用意されている環境を月単位や年
単位で契約します。利用料金の発生は、利用するかしないかに関わ
らず、定額です。

　環境が不要となった場合、解約届を出すことで、利用料金の発生
を次回から停止することができます。

クラウドサービスの場合

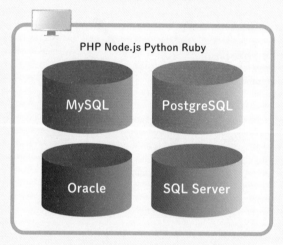

PHP Node.js Python Ruby

MySQL　　PostgreSQL

Oracle　　SQL Server

クラウドサービスの場合

自分で好きな環境を構
築できる！

　これに対し、クラウドサービスの場合、好みの環境を構築するこ
とができます。「OSはLinuxかWindowsか、プログラミング言語
はPHP、Node.js、Python、Rubyなど、データベースもMySQLや
PostgreSQL、OracleやSQL Serverなど」といったように選択するこ

とが可能ですので、既存のオンプレミスのシステムをクラウドに移行したい場合でも、スムーズに移行することができます。

　また、クラウドの利用料金は、サービスを使った分だけ支払う従量課金制ですので、何回でもスクラップ＆ビルド（構築しては壊してやり直す）を繰り返すことができます。

　さらに、一度構築した環境でも、あとでスペックを上げたり下げたりすることも簡単に行えます。

　たとえば、EC2を利用して構築したサービスの利用者があまりにも多く、仮想サーバーのスペックを上げたい場合、EC2のダッシュボードから設定を変更するだけで、簡単に行うことができます。

仮想サーバーのスペックを変更可能

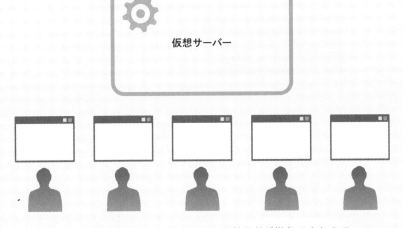

仮想サーバー

利用者が増えてきたので、
サーバーをもうちょっと良い
スペックにしよう

Chapter 03

EC2の
インスタンス作成と接続

 EC2でインスタンスを作ってみよう

では、Amazon EC2を利用して、Webアプリケーションを構築し
てみましょう。WebサーバーにはApacheを、サーバーサイドスクリ
プトにはPHPをインストールします。

構築するWebアプリケーションの構成

Webサーバー	Apache
スクリプト言語	PHP
データベース	MongoDB

まずはEC2のダッシュボードを開きましょう。ダッシュボードを
起動したら、最初にリージョンを選択します。本書では、"アジアパ
シフィック（東京）"を選択します。

108

リージョンを選択する

「アジアパシフィック
(東京)」をクリック！

　リージョンについては、81ページで説明したとおり、システムの
利用者からもっとも近い地域を選択します。

　次に、左側のメニューから、「インスタンス」-「インスタンス」をク
リックします。

「インスタンス」をクリック

「インスタンス」を
クリック！

　このページには、作成済みのインスタンスが表示されます。

　インスタンスとは、「実体」のことで、EC2 サービスで作成した仮想サーバーのことです。

　この時点では、まだインスタンスは存在しませんので、一覧には何も表示されていません。

「インスタンスを起動」をクリック

「インスタンスを
起動」をクリック！

　新たなインスタンスを作成するには、右上の「インスタンスを起動」
ボタンをクリックします。

　これをクリックすると、次のように「ステップ1：Amazonマシン
イメージ（AMI）」ページが表示されます。

AMIを選択

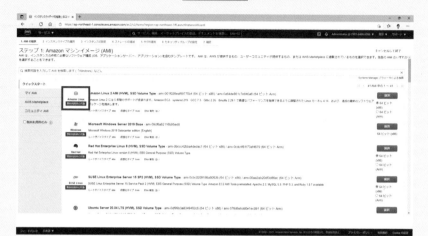

「無料利用枠の対象」
と記載されている

「Amazon Linux 2 AMI
(HVM), SSD Volume Type」
をクリック（64ビットx86）！

　このページでは、Amazonマシンイメージ（AMI）を選択します。
Amazonマシンイメージ（AMI）とは、Amazon Machine Imageの略で、
Amazonが初期状態で用意している仮想マシンのベースの種類を言い
ます。
　AMIの種類には、たとえば次のようなものがあります。

AMIの種類

Amazon Linux 2 AMI (HVM), SSD Volume Type

Microsoft Windows Server 2019 Base

Red Hat Enterprise Linux 8 (HVM), SSD Volume Type

SUSE Linux Enterprise Server 15 SP2 (HVM), SSD Volume Type

Ubuntu Server 20.04 LTS (HVM), SSD Volume Type

　また、AMIには無料で利用できるものと、有料のものがあります。本書執筆時点（2021年6月現在）では、無料で利用できるものにはAMIの名前の下に、「無料利用枠の対象」と記載されていますので、利用を開始したあとに有料のAMIだったことに気づくといったことを避けることができます。

　本書では、AMIに「Amazon Linux 2 AMI (HVM), SSD Volume Type」を利用します。このAMIは、AmazonがAMIのために開発したLinuxです。「Amazon Linux 2 AMI (HVM), SSD Volume Type」の場合、右側の「選択」ボタンの下に、「64ビット (x86)」か「64ビット (Arm)」のいずれかを選べるようになっており、初期状態では「64ビット (x86)」にチェックが入っています。これは、AMIを稼働するためにCPUの種類のことで、Armよりもx86の方が一般的です。

　そのため、「64ビット (x86)」にチェックが付いた状態で、「選択」ボタンをクリックします。

　これをクリックすると、次のように「ステップ2：インスタンスタイプの選択」ページが表示されます。

タイプを選択

「無料利用枠の対象」
の「t2.micro」を選択

「次のステップ：インスタンス
の詳細の設定」をクリック！

　「タイプ」が "t2.micro" となっているものが「無料利用枠の対象」と
なっていますので、これを選択し、ページ右下の「次のステップ：イ
ンスタンスの詳細の設定」ボタンをクリックします。

　これをクリックすると、次のように「ステップ3：インスタンスの
詳細の設定」ページが表示されます。

インスタンスの詳細設定

「次のステップ：ストレージ
の追加」をクリック！

　このページは、作成するインスタンスの数やネットワークの種類
などを設定することができます。

　本書では、初期表示された状態のまま、インスタンスを作成します。
ページ右下の「次のステップ：ストレージの追加」をクリックします。

　これをクリックすると、「ステップ4：ストレージの追加」ページが
表示されます。

ストレージの追加

「次のステップ：タグの追加」
をクリック！

本書では、初期状態のままインスタンスを作成します。

「次のステップ：タグの追加」ボタンをクリックします。

タグの追加

「次のステップ：セキュリティ
グループの設定」をクリック！

　「ステップ5：タグの追加」ページが表示されます。

　作成するインスタンスについて、タグを追加するページです。たとえば、どの部署で使用するためのインスタンスか、どのシステムで使用するためのインスタンスか、などの情報を追加することができます。

　任意でタグの追加を行ったら、「次のステップ：セキュリティグループの設定」ボタンをクリックします。

HTTPとHTTPSを追加

「ルールの追加」をクリックし、
「タイプ」が"HTTP"と"HTTPS"
のものを2つ追加する

「確認と作成」を
クリック!

　「ステップ6：セキュリティグループの設定」ページが表示されます。

　このページでは、EC2インスタンスの用途に応じて、どのポート
をどのIPアドレスに対して解放するかを設定します。

　本書では、Webアプリケーションを作成することを目的としてイ
ンスタンスを作成しますので、「ルールの追加」ボタンより、「タイプ」
に"HTTP"と"HTTPS"を追加します。

　この2つを追加し終えたら、「確認と作成」ボタンをクリックします。

　これをクリックすると、次のように「ステップ7：インスタンス作
成の確認」ページが表示されます。

確認ページが表示される

「起動」をクリック！

　このページの上部には、「インスタンスのセキュリティを強化してください。セキュリティグループ xxxxxxxxxx は世界に向けて開かれています。」とメッセージが表示されています。

　このメッセージは、このインスタンスがIPアドレスの制限やポートの制限を行っていないことを示しています。

　EC2は、インスタンスにアクセスできるIPアドレスを制限したり、利用できるポートを制限したりすることができます。

　では、「ステップ7：インスタンス作成の確認」ページの右下にある「起動」ボタンをクリックしてみましょう。

　次のように、キーペアを選択するためのダイアログが表示されます。

キーペアの選択

　キーペアとは、インスタンスにログインするときに利用する公開
鍵暗号方式の公開鍵と秘密鍵のことです。

　公開鍵暗号方式とは、暗号化するための鍵と復号化（暗号化を解除
すること）するための鍵が別々になる暗号化方式です。

　このダイアログでは、「新しいキーペアの作成」を選択し、「キーペ
ア名」に"mykeypair"と入力します。

　続けて、「キーペアのダウンロード」をクリックします。

新しいキーペアの作成を選択

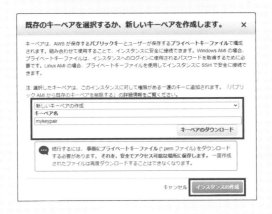

「新しいキーペアの作成」を
選択し、キーペア名を入力。
「キーペアのダウンロード」
をクリック！

「インスタンスの作成」
をクリック！

　これをクリックすると、ダウンロードフォルダに、「[キーペア名].pem」という名前のファイルが生成されます。

pem ファイルが生成される

pemファイルは、インスタンスにログインするときに必要になりますので、大切に保管しましょう。

「キーペアのダウンロード」をクリックしてpemファイルをダウンロードすると、ダイアログの下にある「インスタンスの作成」ボタンをクリックできるようになりますので、これをクリックします。

インスタンスの作成が開始される

「インスタンスの表示」
をクリック！

しばらくすると、インスタンスの作成は終わります。「インスタンスの表示」ボタンをクリックします。

これをクリックすると、インスタンスの一覧ページが表示され、作成したインスタンスが作成されたことを確認することができます。

インスタンス一覧に作成したインスタンスが表示される

「実行中」となっていればOK！

　作成したインスタンスの「インスタンスの状態」が、"実行中"となっていれば、OKです。

Tera Termをインストールしよう

　作成したEC2のインスタンスには、「SSHクライアント」というツールを用いて接続します。

　本書では、SSHクライアントとして、「Tera Term」（テラターム）というアプリを使います。

　Tera Termは、インターネット上よりダウンロードし、PCにインストールして使用します。

　寺西 高（てらにし たかし）氏によって開発されたSSHクライアントで、ほかの端末に対してリモート接続するためのアプリです。

Tera Termは、以下のURLよりダウンロードすることができます。

Tera Term：Tera Term（テラターム）プロジェクト日本語トップページ - OSDN

https://ja.osdn.net/projects/ttssh2/

Tera Termのダウンロードサイト

「RC」が付いているもの
を除き、最新バージョ
ンのものをクリック！

　Tera Termをダウンロードするには、上記の画面にて、赤枠内の「最新リリース」より"RC"が付いているものを除いて最新のバージョンのものをクリックします。

　"RC"とは、「Release Candidate」の略で、リリース候補版のことです。テスト用の先行リリース版のことですので、"RC"が付いていない、安定した安定リリース版をインストールすることをお勧めします。

　本書では、「Tera Term 4.106」をダウンロードします。

これをクリックすると、次のようなページが表示されます。

ダウンロードファイルを選択

「teraterm-4.106.exe」を
クリック！　バージョン情報
を表す数字の部分は本書と異
なっている可能性があるよ

　このページでは、インストーラーのファイル形式を選択します。
EXE形式とZIP形式のファイルがありますが、本書では、EXE形式の
インストーラーをダウンロードします。

　ファイル名をクリックすると、次のようなページに遷移し、ダウ
ンロードが開始されます。

Tera Termをダウンロード中

ダウンロードが終わる
まで、しばらく待機

　ダウンロードが終了するまで待機し、ダウンロードが終了したら、
ブラウザを閉じてください。

　ダウンロードフォルダには、Tera Termのインストーラーがダウン
ロードされています。

Tera Termのインストーラー

ダブルクリックでイン
ストーラーを起動！

　このインストーラーをダブルクリックで開くと、次のような画面
が起動します。

インストーラー起動直後

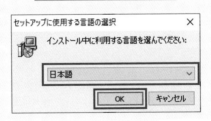

「日本語」が選択されているこ
とを確認して、「OK」ボタン
をクリック！

「インストール中に利用する言語を選んでください：」にて、"日本語"が選択されていることを確認したら、「OK」ボタンをクリックします。

　これをクリックすると、次のような画面が表示されます。

使用許諾契約書の同意

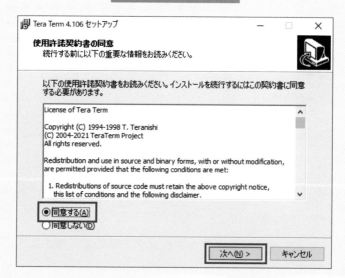

「同意する」を選択！　　　「次へ」をクリック！

「同意する」を選択し、「次へ」ボタンをクリックします。

続いて、「コンポーネントの選択」画面が表示されます。

コンポーネントの選択

Tera Term 4.106 セットアップ　　　　　　　　　　─　□　×

コンポーネントの選択
インストールコンポーネントを選択してください。

インストールするコンポーネントを選択してください。インストールする必要のないコンポーネン
トはチェックを外してください。続行するには「次へ」をクリックしてください。

| 標準インストール | ∨ |

☑ Tera Term & Macro	9.0 MB
☑ TTSSH	3.1 MB
☑ CygTerm+	0.2 MB
☐ LogMeTT (インストーラが起動します)	4.1 MB
☐ TTLEdit (インストーラが起動します)	2.1 MB
☐ TeraTerm Menu	0.3 MB
☑ TTProxy	0.3 MB
☐ Collector	1.6 MB
■ 追加プラグイン	0.3 MB

現在の選択は最低 13.4 MB のディスク空き領域を必要とします。

`< 戻る(B)`　`次へ(N) >`　`キャンセル`

「標準インストール」
を選択！

「次へ」をクリック！

　「標準インストール」を選択し、「次へ」をクリックします。
　「言語の選択」画面が表示されます。この画面では、「Tera Term」の
ユーザーインターフェイスをどの言語で使用するかを選択します。

言語の選択

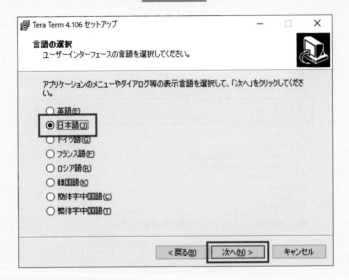

「日本語」を選択　　　「次へ」をクリック！

「日本語」を選択し、「次へ」をクリックします。

「追加タスクの選択」画面が表示されます。

追加タスクの選択

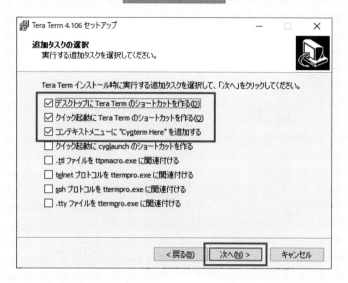

本書では、この
3つを選択　　　　　　　　　　「次へ」をクリック！

本書では、

・デスクトップにTera Termのショートカットを作成する
・クイック起動にTera Termのショートカットを作る
・コンテキストメニューに"Cygterm Here"を追加する

の3つを選択しました。

「次へ」をクリックします。

「インストール準備完了」画面が表示されます。

インストール準備完了

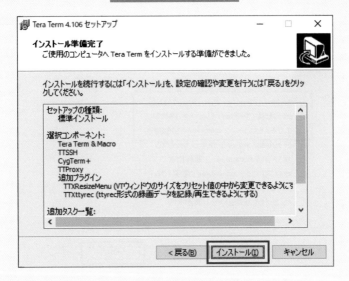

「インストール」をクリック！

　「インストール」ボタンをクリックすることで、Tera Term のインストールが開始されます。

　次のような画面が出れば、インストールは完了です。

Tera Term セットアップウィザードの完了

「完了」をクリック！

「完了」ボタンをクリックすると、画面が閉じられます。

Tera TermでEC2のインスタンスに接続しよう

　では、Tera Termを利用して、EC2のインスタンスに接続してみましょう。本書と同じ内容でTera Termをインストールした場合、デスクトップにTera Termへのショートカットが作成されています。

Tera Termへのショートカット

これをダブルクリックして Tera Term を起動すると、次のような
画面が表示されます。

Tera Termを起動

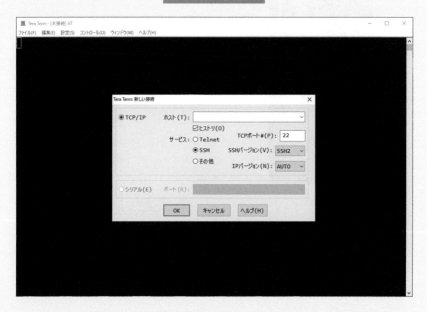

　最前面に表示されているダイアログにて、「ホスト」にはEC2イン
スタンスのIPアドレスを入力します。
　EC2インスタンスのIPアドレスを確認するには、EC2のダッシュ
ボードより確認できます。

EC2のダッシュボード

「インスタンス」をク
リック！

　ダッシュボードの左側に表示されているメニューより、「インスタ
ンス」をクリックします。

　これをクリックすると、作成したEC2インスタンスの一覧が表示
されます。

接続したいインスタンスを選択

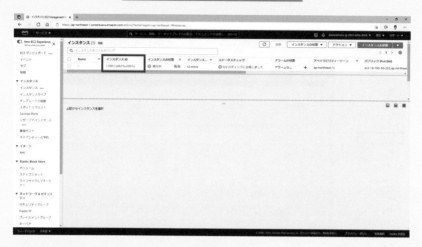

「インスタンスID」を
クリック！

　EC2のインスタンス一覧が選択されたら、接続したいインスタン
スのインスタンスIDをクリックします。

　本書に沿ってEC2のインスタンスを作成した場合は、インスタン
スは1つしかありませんので、そのインスタンスのインスタンスID
をクリックします。

　これをクリックすると、該当インスタンスの概要を確認するペー
ジが表示されます。

接続したいEC2インスタンスのIPアドレスをメモ

「IPアドレス」をメモし
ておく！

　このページでは、EC2インスタンスのIPアドレスを確認できます。IPアドレスは、ネットワーク上の機器に割り当てられる住所のようなものだと考えてください。

　このIPアドレスが、Tera TermからEC2インスタンスに接続するときの「ホスト名」となります。

　IPアドレスは、「パブリックIPv4アドレス」と「プライベートIPv4アドレス」が存在しますが、「パブリックIPv4アドレス」の方をメモしておいてください。

　IPv4アドレスは、［数値］.［数値］.［数値］.［数値］のように、4つの数値をピリオド「.」で区切ったものです。

ホスト名にIPアドレスを入力

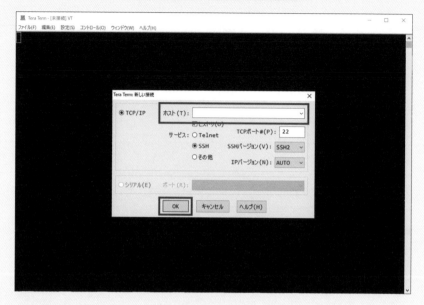

ここにEC2インスタンスの
IPアドレスを入力

「OK」をクリック！

　「パブリックIPv4アドレス」をメモしたら、Tera Termの画面に戻り、メモしたIPアドレスを「ホスト名」に入力します。

　IPアドレスが表示されているWebページより、コピー＆ペーストすることもできます。

　「ホスト名」にIPアドレスを入力したら、「OK」ボタンをクリックしてください。

セキュリティ警告が表示される

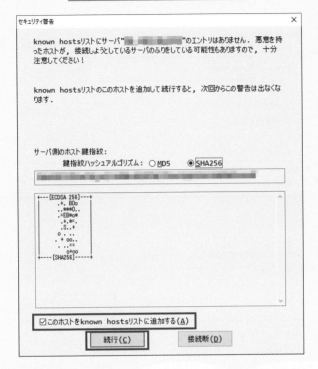

チェックを入れる　　　「続行」をクリック!

　「このホストをKnown hostsリストに追加する」にチェックを入れ、
「続行」ボタンをクリックします。

　これにより、この「セキュリティ警告」のダイアログは、このEC2
インスタンスに接続する際、次回以降は表示されなくなります。

　「続行」ボタンをクリックすると、次のようなダイアログが表示さ
れます。

SSH認証

| SSH認証 | | | − | □ | × |

ログイン中：▓▓▓▓▓▓▓

認証が必要です．

ユーザ名(<u>N</u>)： `ec2-user` ▼

パスフレーズ(<u>P</u>)： ▼

☑ パスワードをメモリ上に記憶する(<u>M</u>)

☐ エージェント転送する(<u>O</u>)

認証方式

　○ プレインパスワードを使う(<u>L</u>)

　◉ <u>R</u>SA/DSA/ECDSA/ED25519鍵を使う

　　秘密鍵(<u>K</u>)： `C:\Users\takay\OneDrive\Desktop\myke` ..

　○ r<u>h</u>osts(SSH1)を使う

　　ローカルのユーザ名(<u>U</u>)：

　　ホスト鍵(<u>E</u>)： ..

　○ キーボードインタラクティブ認証を使う(<u>I</u>)

　○ P<u>a</u>geantを使う

OK　　接続断(<u>D</u>)

キーペア（拡張子.pem）
のパスを指定

「ec2-user」と入力　　　　　「OK」をクリック！

　この画面にて、「ユーザー名」には"ec2-user"と入力します。

　次に、「認証方式」には「RSA/DSA/ECDSA/ED25519鍵を使う」を選択し、以前、EC2インスタンスを作成したときにダウンロードしたキーペア（拡張子が.pem）のファイルパスを指定します。

　「ユーザー名」の入力とキーペアのパスを指定が完了したら、「OK」ボタンをクリックします。

　次のような画面が表示されれば、EC2インスタンスへの接続は完了です。

SSH認証

EC2にApacheとPHPを インストール

EC2にWebサーバーを構築しよう

Tera TermでEC2のインスタンスに接続したら、まずはWebサーバーソフトウェアの「Apache」(アパッチ)をインストールしましょう。

Apacheは、オープンソースとして提供されており、Linux OSのみならず、Windows OSやmacOSでも利用可能な、マルチプラットフォームなWebサーバーソフトウェアです。

Tera Termの操作は、現在表示されている、背景がまっくろな画面からコマンド入力によって行います。このように、コマンド入力によって操作を行うための画面のことを、**コンソール画面**と言います。

Tera Termのコンソール画面

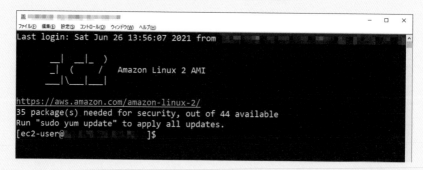

ここからコマンドを
入力する

　最初に、コンソール画面を通じてEC2のインスタンスにApacheを
インストールしますが、そのためには、インスタンスにログインし
ているユーザーに対し、管理者権限での操作を許可する必要があり
ます。

　Linuxに対し、管理者権限でコンソール画面を操作するには、次の
コマンドを実行します。sudoコマンドは、コンソール画面を管理者
権限で操作するコマンドで、-iオプションは、今後のコマンドを継続
して管理者権限で使用するためのオプションです。

```
sudo -i Enter
```

　コマンドを入力したら、Enterキーを押下します。
　コンソール画面は、次のようになっているかと思います。

「sudo -i」コマンドを実行

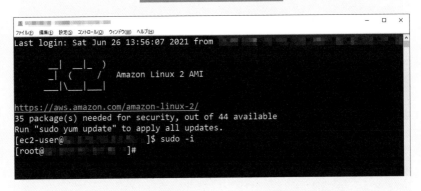

プロンプトが "#"　　　　　　　"sudo -I"と入力し、
に変わる　　　　　　　　　　 Enterキーを押下！

　コマンド実行後、プロンプト(コマンド入力を開始する位置を示す
記号)が「$」から「#」に変わったのを確認することができます。

続いて、Apacheをインストールします。実行するコマンドは、次のとおりです。yumコマンドは、Apacheなどのパッケージをインストールするためのコマンドです。

```
yum install httpd Enter
```

このコマンドを入力して Enter キーを押下すると、Apacheのインストールに必要なファイルのダウンロードが開始されます。

ダウンロードが完了すると、次の画面のように、インストール確認のメッセージが表示されます。

Apacheのインストール確認

```
                                                              ─  □  ×
 ファイル(F)  編集(E)  設定(S)  コントロール(O)  ウィンドウ(W)  ヘルプ(H)
Dependencies Resolved

================================================================================
 Package              Arch       Version                Repository       Size
================================================================================
Installing:
 httpd                x86_64     2.4.46-2.amzn2         amzn2-core      1.3 M
Installing for dependencies:
 apr                  x86_64     1.6.3-5.amzn2.0.2      amzn2-core      118 k
 apr-util             x86_64     1.6.1-5.amzn2.0.2      amzn2-core       99 k
 apr-util-bdb         x86_64     1.6.1-5.amzn2.0.2      amzn2-core       19 k
 generic-logos-httpd  noarch     18.0.0-4.amzn2         amzn2-core       19 k
 httpd-filesystem     noarch     2.4.46-2.amzn2         amzn2-core       24 k
 httpd-tools          x86_64     2.4.46-2.amzn2         amzn2-core       87 k
 mailcap              noarch     2.1.41-2.amzn2         amzn2-core       31 k
 mod_http2            x86_64     1.15.14-2.amzn2        amzn2-core      147 k

Transaction Summary
================================================================================
Install  1 Package (+8 Dependent packages)

Total download size: 1.8 M
Installed size: 5.1 M
Is this ok [y/d/N]:
```

"y" を入力し、 Enter キーを押下

"y"を入力し、[Enter]キーを押下すると、Apacheのインストールが開始されます。

Apacheのインストールが完了すると、次の画面のように、「Complete!」と表示されます。

Apacheのインストールが完了

```
 Verifying    : httpd-2.4.46-2.amzn2.x86_64                          2/9
 Verifying    : apr-util-bdb-1.6.1-5.amzn2.0.2.x86_64                3/9
 Verifying    : httpd-tools-2.4.46-2.amzn2.x86_64                    4/9
 Verifying    : mod_http2-1.15.14-2.amzn2.x86_64                     5/9
 Verifying    : apr-1.6.3-5.amzn2.0.2.x86_64                         6/9
 Verifying    : mailcap-2.1.41-2.amzn2.noarch                        7/9
 Verifying    : generic-logos-httpd-18.0.0-4.amzn2.noarch            8/9
 Verifying    : httpd-filesystem-2.4.46-2.amzn2.noarch               9/9

Installed:
  httpd.x86_64 0:2.4.46-2.amzn2

Dependency Installed:
  apr.x86_64 0:1.6.3-5.amzn2.0.2
  apr-util.x86_64 0:1.6.1-5.amzn2.0.2
  apr-util-bdb.x86_64 0:1.6.1-5.amzn2.0.2
  generic-logos-httpd.noarch 0:18.0.0-4.amzn2
  httpd-filesystem.noarch 0:2.4.46-2.amzn2
  httpd-tools.x86_64 0:2.4.46-2.amzn2
  mailcap.noarch 0:2.1.41-2.amzn2
  mod_http2.x86_64 0:1.15.14-2.amzn2

Complete!
[                    ]#
```

"Complete!" と表示されればOK！

Apacheのインストールが完了したら、Apacheを起動し、動作確認をしてみましょう。次のコマンドを入力し、[Enter]キーを押下してみてください。systemctlコマンドは、サービスの起動や停止を行うためのコマンドです。

```
systemctl start httpd[Enter]
```

Apacheを起動する

```
Verifying  : apr-util-bdb-1.6.1-5.amzn2.0.2.x86_64        3/9
Verifying  : httpd-tools-2.4.46-2.amzn2.x86_64            4/9
Verifying  : mod_http2-1.15.14-2.amzn2.x86_64            5/9
Verifying  : apr-1.6.3-5.amzn2.0.2.x86_64                6/9
Verifying  : mailcap-2.1.41-2.amzn2.noarch               7/9
Verifying  : generic-logos-httpd-18.0.0-4.amzn2.noarch   8/9
Verifying  : httpd-filesystem-2.4.46-2.amzn2.noarch      9/9

Installed:
  httpd.x86_64 0:2.4.46-2.amzn2

Dependency Installed:
  apr.x86_64 0:1.6.3-5.amzn2.0.2
  apr-util.x86_64 0:1.6.1-5.amzn2.0.2
  apr-util-bdb.x86_64 0:1.6.1-5.amzn2.0.2
  generic-logos-httpd.noarch 0:18.0.0-4.amzn2
  httpd-filesystem.noarch 0:2.4.46-2.amzn2
  httpd-tools.x86_64 0:2.4.46-2.amzn2
  mailcap.noarch 0:2.1.41-2.amzn2
  mod_http2.x86_64 0:1.15.14-2.amzn2

Complete!
[root@           ]# systemctl start httpd
[root@           ]#
```

何のメッセージも
表示されないが、
これでOK！

　Apacheが起動しているかどうかは、次のコマンドで確認すること
ができます。

```
systemctl status httpd Enter
```

　このコマンドを入力して Enter キーを押下すると、次のようなメッ
セージが表示されます。

Apacheが起動していることを確認

```
Complete!
[root@              ]# systemctl start httpd
[root@              ]# systemctl status httpd
® httpd.service - The Apache HTTP Server
   Loaded: loaded (/usr/lib/systemd/system/httpd.service; disabled; vendor prese
t: disabled)
   Active: active (running) since Sun 2021-06-27 02:19:44 UTC; 12min ago
     Docs: man:httpd.service(8)
 Main PID: 16987 (httpd)
   Status: "Total requests: 0; Idle/Busy workers 100/0;Requests/sec: 0; Bytes se
rved/sec:   0 B/sec"
   CGroup: /system.slice/httpd.service
           ├─16987 /usr/sbin/httpd -DFOREGROUND
           ├─16988 /usr/sbin/httpd -DFOREGROUND
           ├─16989 /usr/sbin/httpd -DFOREGROUND
           ├─16990 /usr/sbin/httpd -DFOREGROUND
           ├─16991 /usr/sbin/httpd -DFOREGROUND
           └─16992 /usr/sbin/httpd -DFOREGROUND

Jun 27 02:19:44            .ap-northeast-1.compute.internal systemd[1]: S...
Jun 27 02:19:44            .ap-northeast-1.compute.internal systemd[1]: S...
Hint: Some lines were ellipsized, use -l to show in full.
[root@              ]#
```

"active (running)"
の文字が確認できれ
ばOK！

　コンソール画面中に、緑色の字で"active (running)"と表示されて
いるのを確認できれば、Apacheは起動しています。
　また、ブラウザのURLに、EC2インスタンスのIPアドレスを入力
すると、次のようなWebページが表示されます。

ブラウザで見ることもできる

Tera Termの「ホスト名」に入力したIPアドレスをブラウザのURLに入力すると、このページが表示される！

これは、Apacheをインストールした直後のページです。

このページは、現在作業中のパソコンだけでなく、別のパソコンやスマートフォン、タブレットなどでも閲覧可能で、つまり、全世界に向けて公開されているWebページです。

これで、Webサーバーのインストールは完了です。

EC2にPHPをインストールする

最後に、PHPをEC2にインストールします。

まずは、「sudo -i」コマンドで管理者権限に昇格します。

```
sudo -i Enter
```

管理者権限に昇格

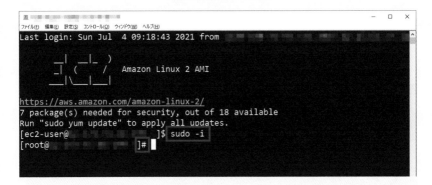

sudo -iコマンド
を実行

プロンプトが「#」
に変わる

EC2にPHPをインストールするには、次のコマンドを入力します。

```
yum install php Enter
```

PHPをインストールするコマンドを入力

yum install phpと入力し、
Enter キーを押下

コマンドを入力して[Enter]キーを押下すると、PHPのダウンロードが開始され、インストール確認のメッセージが表示されます。

インストールの実行確認

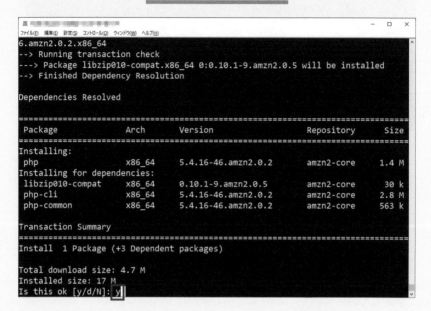

```
6.amzn2.0.2.x86_64
--> Running transaction check
---> Package libzip010-compat.x86_64 0:0.10.1-9.amzn2.0.5 will be installed
--> Finished Dependency Resolution

Dependencies Resolved

================================================================================
 Package              Arch          Version                   Repository   Size
================================================================================
Installing:
 php                  x86_64        5.4.16-46.amzn2.0.2        amzn2-core   1.4 M
Installing for dependencies:
 libzip010-compat     x86_64        0.10.1-9.amzn2.0.5         amzn2-core    30 k
 php-cli              x86_64        5.4.16-46.amzn2.0.2        amzn2-core   2.8 M
 php-common           x86_64        5.4.16-46.amzn2.0.2        amzn2-core   563 k

Transaction Summary
================================================================================
Install  1 Package (+3 Dependent packages)

Total download size: 4.7 M
Installed size: 17 M
Is this ok [y/d/N]: y
```

"y"キーを入力し、
[Enter]キーを押下

この状態にて、"y"キーを入力して[Enter]キーを押下すると、インストールは続行されます。

次のように、「Complete!」と表示されれば、PHPのインストールは完了です。

PHPのインストール完了

"Complete!" と表示
されれば、PHPのイ
ンストールは完了

　PHPのインストールが完了したら、次のコマンドを実行し、
Apacheを再起動しましょう。

```
systemctl restart httpd Enter
```

Apacheを再起動

```
Running transaction check
Running transaction test
Transaction test succeeded
Running transaction
  Installing : libzip010-compat-0.10.1-9.amzn2.0.5.x86_64          1/4
  Installing : php-common-5.4.16-46.amzn2.0.2.x86_64                2/4
  Installing : php-cli-5.4.16-46.amzn2.0.2.x86_64                   3/4
  Installing : php-5.4.16-46.amzn2.0.2.x86_64                       4/4
  Verifying  : php-5.4.16-46.amzn2.0.2.x86_64                       1/4
  Verifying  : libzip010-compat-0.10.1-9.amzn2.0.5.x86_64           2/4
  Verifying  : php-cli-5.4.16-46.amzn2.0.2.x86_64                   3/4
  Verifying  : php-common-5.4.16-46.amzn2.0.2.x86_64                4/4

Installed:
  php.x86_64 0:5.4.16-46.amzn2.0.2

Dependency Installed:
  libzip010-compat.x86_64 0:0.10.1-9.amzn2.0.5
  php-cli.x86_64 0:5.4.16-46.amzn2.0.2
  php-common.x86_64 0:5.4.16-46.amzn2.0.2

Complete!
[root@             ]# systemctl restart httpd
[root@             ]#
```

特に何も表示されない

　このコマンドは、実行しても特に何も表示されません。

　また、次のコマンドを実行することで、ApacheをEC2のインスタンス起動時に自動起動するようにしておきましょう。

```
systemctl enable httpd Enter
```

Apacheを自動起動するように設定

```
Installing  : php-cli-5.4.16-46.amzn2.0.2.x86_64                      3/4
Installing  : php-5.4.16-46.amzn2.0.2.x86_64                          4/4
Verifying   : php-5.4.16-46.amzn2.0.2.x86_64                          1/4
Verifying   : libzip010-compat-0.10.1-9.amzn2.0.5.x86_64              2/4
Verifying   : php-cli-5.4.16-46.amzn2.0.2.x86_64                      3/4
Verifying   : php-common-5.4.16-46.amzn2.0.2.x86_64                   4/4

Installed:
  php.x86_64 0:5.4.16-46.amzn2.0.2

Dependency Installed:
  libzip010-compat.x86_64 0:0.10.1-9.amzn2.0.5
  php-cli.x86_64 0:5.4.16-46.amzn2.0.2
  php-common.x86_64 0:5.4.16-46.amzn2.0.2

Complete!
[root@              ]# systemctl restart httpd
[root@              ]# systemctl enable httpd
Created symlink from /etc/systemd/system/multi-user.target.wants/httpd.service t
o /usr/lib/systemd/system/httpd.service.
[root@              ]#
```

Apacheを自動起動

 ## Webアプリケーションを動かしてみる

　これで、Webアプリケーションを動かすための環境は整いました。
では、作成した環境が正常に動作するかどうかの検証を行ってみま
しょう。

　任意のテキストエディタを起動し、次のようにPHPスクリプトを
作成してください。

```php
<?php
echo "Hello World!";
?>
```

"Hello World!" と
出力する

PHPスクリプトを用意する

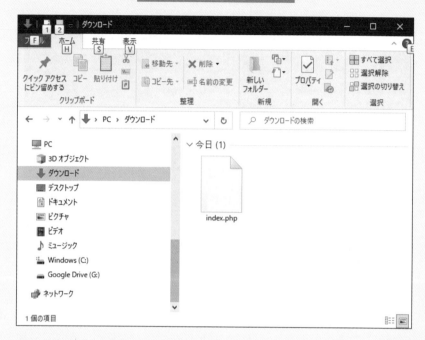

　これを任意のフォルダに「index.php」というファイル名で保存します。

　PHPスクリプトの用意ができたら、EC2にアップしましょう。
TeraTermより、EC2にログインしてください。
　ログインしたら、Webアプリケーションを公開するディレクトリ
に対するアクセス権限を、ログイン中の「ec2-user」に付与します。
　Webアプリケーションを公開するディレクトリは、次のとおりです。

/var/www/html　　このディレクトリに配
　　　　　　　　置したファイルが外部
　　　　　　　　から閲覧できるよ

　このディレクトリに対し、ec2-userが書き込みするための権限を付与するには、Tera Termより以下のコマンドを実行します。sudoコマンドは、前述のとおり、管理者権限でコンソール画面を操作するためのコマンドです。

　今回は-iオプションがないため、以降に続くコマンドを管理者権限で実行するという意味です。

　chownコマンドは、指定したファイルやディレクトリに対するアクセス権限を指定するコマンドで、-Rオプションは、再帰的にchownコマンドを実行するためのオプションです。

　つまり、このコマンドの意味は、指定したディレクトリに対し、サブディレクトリも含めて、ec2-userにアクセス権限を付与するためのコマンドを管理者権限で実行するという意味です。

```
sudo chown -R ec2-user /var/www/html Enter
```

htmlディレクトリに対する書き込み権限を付与

```
Last login: Sat Jul 10 00:56:02 2021 from

      _|  _|_|  )
      _| (    _|  /      Amazon Linux 2 AMI
      _|\_|_|_|

https://aws.amazon.com/amazon-linux-2/
7 package(s) needed for security, out of 18 available
Run "sudo yum update" to apply all updates.
[ec2-user@          ]$ sudo chown -R ec2-user /var/www/html
[ec2-user@          ]$
```

コマンドを実行しても、
何も表示されません

コマンドを実行しても、特に何も表示されませんが、これでOKで
す。

　これで、「/var/www/html」ディレクトリに対する書き込み権限が
ec2-userに付与されましたので、PHPスクリプトをこのディレクト
リに送り込みましょう。

　自分のPCからEC2の環境に対してファイルを送り込むには、Tera
Termのメニューより、「ファイル（F）」-「SSH SCP...」を選択します。

「SSH SCP」を選択

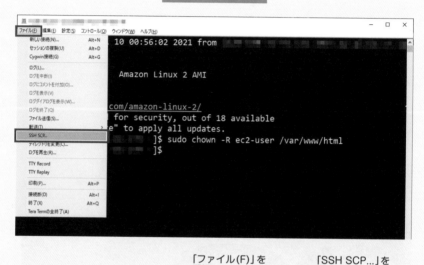

「ファイル（F）」を
選択し…

「SSH SCP...」を
選択

　すると、次のような画面が表示されます。

転送するファイルと転送先を選択

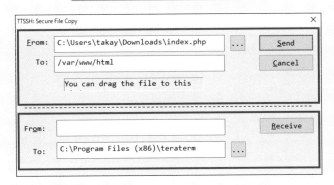

自分のPCからリモート
接続先のEC2に対して
ファイルを転送する

リモート接続先のEC2
から自分のPCに対し
てファイルを転送する

　この画面にて、点線で区切られた上の部分が、自分のPCからリモート接続先（EC2環境）に対してファイルを転送する機能、点線で区切られた下の部分が、リモート接続先（EC2環境）から自分のPCに対してファイルを転送する機能です。

　今回は、PHPスクリプトをEC2環境に対して転送しますので、上の「From:」にはPHPスクリプトが存在するパスを指定し、上の「To:」には「var/www/html」と入力します。

　入力したら、「Send」ボタンをクリックします。

　これをクリックすると、画面が閉じられて、コンソール画面に戻ります。

コンソール画面に戻る

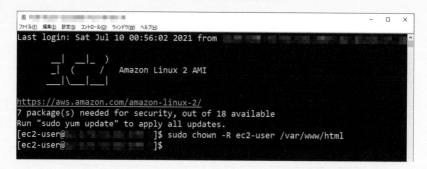

前ページの画面が閉じられて、コンソール画面に戻るよ

　これで、EC2に転送したPHPスクリプトが、インターネットを通じて公開されました。

　任意のブラウザを起動し、Tera TermでEC2に接続する際の「ホスト (I)」に入力しているIPアドレスを、アドレス欄に入力して [Enter] キーを押下してみましょう。

IPアドレスをコピー

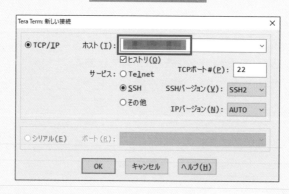

「ホスト(I)」のIPアドレスをコピー

ブラウザでアクセス

PHPが実行されて、
"Hello World!" と
表示される

アドレス欄にIPアド
レスを貼り付け

　ブラウザには、"Hello World!"という文字が表示されれば、OKです。

　もしうまく行かなかった場合は、PHPスクリプトをEC2に転送し
たかどうかや、PHPをインストール後にApacheを再起動したかどう
か（前項を参照）を確認してみてください。

Chapter 03

EC2 の料金

↓

 ## EC2 の料金について

EC2 の料金は、以下の項目の合計によって算出されます。

①インスタンスの使用料金
②ストレージの料金
③通信に関する料金
④その他オプションに関する料金

EC2 の料金

インスタンスの使用料金	ストレージの料金
通信に関する料金	その他オプションに関する料金

この4つの合計がEC2
の料金

①インスタンスの使用料金

　インスタンスの使用料金は、インスタンスを稼働している時間によって料金が加算されます。さらに、インスタンスタイプによっても課金される料金が異なります。

　秒単位での課金となるため、インスタンスを利用しない時間帯はインスタンスを停止したり、使用しないインスタンスは削除したりするなど、不必要な料金が加算されないように、インスタンスの管理は徹底して行う必要があります。

インスタンスの使用時間と料金

インスタンスを稼働している間、料金が加算されている

　ちなみに、114ページでインスタンスを作成したときは、インスタンスタイプを"t2.micro"に設定しましたが、このインスタンスタイプは、インスタンスの用途によって本来は選択します。

　このインスタンスタイプは、インスタンスのメモリサイズやCPUの数、ネットワークの転送速度などに関わってきます。

　インスタンスタイプの表記は、次のように、インスタンスの用途を示す「ファミリー」と呼ばれる部分と、インスタンスのスペックを示す部分をピリオドでつなげて表記します。

インスタンスタイプの表記について

この例で言えば、"t2" がファミリーに該当する部分、"micro" がインスタンスのスペックを示します。

ファミリーには、一般的なサーバーとしての用途として用いる "t2" や "t3"、演算能力に優れた "c4" や "c5"、ストレージの大きい "d2" や "d3" などがあります。

ファミリーの例

ファミリータイプ	用途
t2・t3など	一般的なサーバー
c4・c5など	演算能力に優れたサーバー
d2・d3など	ストレージの大きいサーバー

サーバーの用途に応じてファミリータイプを選択しよう

インスタンスのスペックを示す表記には、たとえばファミリータイプが "t2" のものには、「nano」「micro」「small」「medium」「large」「xlarge」「2xlarge」があります。これは、インスタンスのメモリサイズによって違います。

インスタンスタイプのメモリの例

インスタンスタイプ	メモリ
t2.nano	0.5 GB
t2.micro	1 GB
t2.small	2 GB
t2.medium	4 GB
t2.large	8 GB
t2.xlarge	16 GB
t2.2xlarge	32 GB

同じファミリータイプで
も、スペックの違うイン
スタンスを作成できる

②ストレージの料金

　インスタンスを作成するとき、任意でストレージを追加すること
ができます。ストレージを追加すると、その分、料金が加算されます。

ストレージの追加

インスタンス作成時にストレージを追加することが可能で、ストレージを追加した分、料金が加算されるよ

ストレージと料金の比較

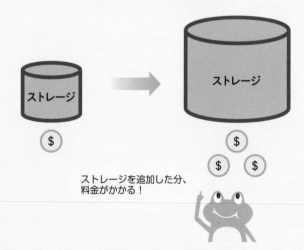

ストレージを追加した分、料金がかかる！

③通信料金

　インターネットを経由して、インスタンスと通信したデータ量によって課金されます。

　その際、インスタンスの利用者からインスタンスに向けて送信するデータ（インバウンド）に関する料金は無料で、インスタンスからインスタンスの利用者に向けて送信するデータ（アウトバウンド）関する料金に課金が発生します。

EC2の通信料金について

インスタンスからインスタンス利用者への通信は有料

インスタンス利用者からインスタンスへの通信は無料

インスタンス利用者

④その他の料金

　EC2のインスタンスに対し、追加した機能に対して発生する料金です。

　追加できる機能としては、グローバルIPアドレスを固定する「Elastic IP アドレス」、ネットワークトラフィックの負荷分散を行う「Elastic Load Balancing」などがあります。

● Elastic IP アドレス

EC2のインスタンスは、家庭用ルーターと同様に、いったん停止して起動しなおすと、グローバルIPアドレスが変わってしまいます。そのため、停止していたインスタンスを再開する場合などは、前回と接続先が異なります。

Elastic IP アドレスは、このようなことが発生しないように、グローバルIPアドレスを固定にするための仕組みです。

Elastic IP アドレスの料金は、EC2のインスタンス単位で発生するのではなく、Elastic IP アドレスの利用契約に対して発生します。

「Elastic Load Balancing」の契約に対して料金が発生し、EC2のインスタンスに対して料金が発生するわけではない

グローバルIPアドレスが変わってしまう！

グローバルIPアドレスが変わった！

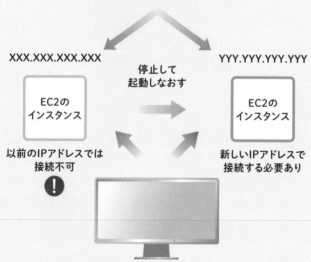

XXX.XXX.XXX.XXX   YYY.YYY.YYY.YYY

EC2の
インスタンス   停止して   EC2の
                   起動しなおす   インスタンス

以前のIPアドレスでは   新しいIPアドレスで
接続不可   接続する必要あり

　Elastic IP アドレスは、稼働中のインスタンスで使用されている場合は無料で利用できますが、インスタンスに結びついていない Elastic IP アドレスや、停止しているインスタンスに結びついている Elastic IP アドレスには、料金が課金されます。

● Elastic Load Balancing

　Elastic Load Balancing（ELB）は、1つのインスタンスにアクセスが集中しないように、複数のインスタンスに負荷を分散するための仕組みです。

　Elastic Load Balancingは、使用した時間によって料金が加算されます。

負荷分散されていない場合

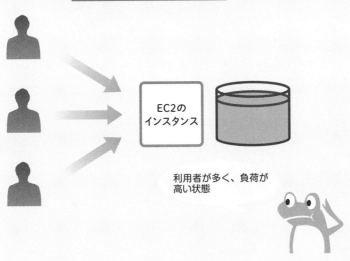

EC2の
インスタンス

利用者が多く、負荷が
高い状態

負荷分散されている場合

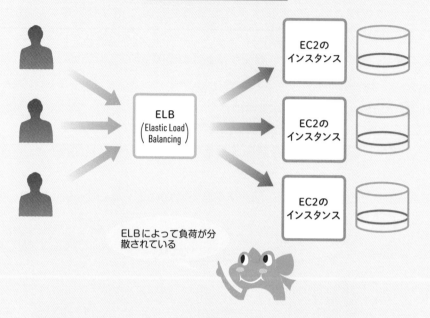

ELBによって負荷が分散されている

　利用者の数が多くなることが想定されるサービスをEC2インスタンスで構築する場合、Elastic Load Balancingの導入を考えた方が良いでしょう。

EC2の無料利用枠について

19・20ページにて、EC2の無料利用枠について説明しました。

12か月の間、ひと月につき、750時間までの利用が無料となります。

1日24時間なので、750時間は、

750 ÷ 24 = 31.25

となりますので、1カ月以上の時間です。

　ただし、これはEC2のインスタンス1つについて、750時間までの利用が無料というわけではありません。

　例えば、EC2インスタンスの無料利用枠を2つ利用している場合、EC2サービスに設けられている750時間の無料利用枠を2つで分けるため、EC2インスタンスの無料利用枠2つを起動したままにしておくと、料金が発生してしまいます。

　注意しましょう。

◖この章のまとめ◗

　EC2 は、AWS の中で最も人気があるサービスの 1 つです。

　EC2 を利用するために AWS を契約されたユーザーも多いことでしょう。

　とても手軽に仮想サーバーを利用することができ、国内外問わず、有名企業も EC2 を利用して様々なシステムを提供しています。

　世界最大の EC サイトを公開する Amazon の基盤をなすインフラですので、セキュリティの高さ、汎用性の高さなど、使いやすさは実証済みです。

　本章では、無料の利用枠で仮想サーバーのインスタンスを作成し、Web サーバーの「Apache」とスクリプト言語の「PHP」をインストールする方法について説明しました。

　EC2 インスタンスに接続するために、Tera Term というツールを使う方法についても説明しました。

　Tera Term のようなコンソール画面に慣れていない方には少々敷居が高かったかもしれません。しかし、本章の内容が EC2 インスタンスを操作するための基本となりますので、しっかりと身に付けておきましょう。

Chapter

04

Amazon RDS を
使ってみよう

Amazon RDSとは

 ## データベースを利用できるサービス

Amazon RDSは、Amazon Relational Database Serviceの略で、リレーショナルデータベースを提供するサービスです。

リレーショナルデータベースとは、データをMicrosoft ExcelやGoogleスプレッドシートのような2次元表で表すデータベースのことです。

データを2次元表で表す

Title 1	Title 2	Title 3
Value 1	Value 2	Value 3
Value 4	Value 5	Value 6
Value 7	Value 8	Value 9
Value 10	Value 11	Value 12

2次元表のことを「テーブル」と言うよ

RDSで利用可能なリレーショナルデータベースには、次のようなものがあります。

RDSで利用可能なリレーショナルデータベース

Amazon Aurora	MySQLとPostgreSQLに互換性のある、Amazonのオリジナルデータベース
MySQL	オープンソースのデータベースとして世界シェアNo.1
MariaDB	MySQLから派生して開発されたオープンソースのデータベース
PostgreSQL	オープンソースのデータベースとして世界シェアNo.2
Oracle	Oracle社が開発した、リレーショナルデータベースの世界シェアNo.1
Microsoft SQL Server	Microsoft社が開発した、GUIに優れたリレーショナルデータベース

　Amazon Auroraは、Amazonが開発した、オリジナルデータベースです。オープンソースのMySQLとPostgreSQLと互換性があります。

　オープンソースとは、ソフトウェアの設計書とも言えるソースコードを公開しているソフトウェアのことで、MySQLはオープンソースのリレーショナルデータベースとして世界シェアNo.1の実績があり、PostgreSQLはオープンソースのリレーショナルデータベースとして世界シェアNo.2の実績があります。

　Amazon Auroraの特長として、Amazon Auroraの処理速度は、MySQLの最大5倍、PostgreSQLの最大3倍高速であると謳っています。

　そのため、AWSでMySQLもしくはPostgreSQLを利用するのであれば、特に特別な理由がない限り、Amazon Auroraを利用するのが良いでしょう。

Amazon Auroraは、MySQLとPostgreSQLに互換性がある

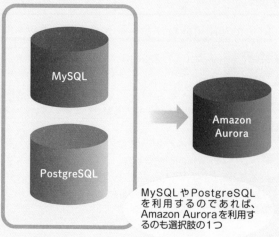

MySQLやPostgreSQL
を利用するのであれば、
Amazon Auroraを利用す
るのも選択肢の1つ

MariaDBは、MySQLから派生して開発されたオープンソースの
データベースです。MySQLは、Oracleデータベースの開発元であ
るOracle社によって提供されていますが、MySQLがOracle社に買
収された際、MySQLの開発者であるミカエル・ウィデニウス氏が
MySQLを元に新たに開発したのがMariaDBです。

MySQLから派生して開発されたMariaDB

MariaDBは、
MySQLから派生
したリレーショナ
ルデータベース

MySQLをもとに
MariaDBを開発

ミカエル・ウィデニウス氏

　オープンソースではない商用データベースは、OracleとMicrosoft SQL Serverの2つを利用することができます。

　Oracleは、商用データベースでNo.1のシェアを誇り、かつオープンソースを含めてもリレーショナルデータベースでNo.1のシェアを誇るデータベースです。前述のとおり、Oracleを提供するOracle社は、MySQLの提供元でもあります。

　Microsoft SQL Serverは、商用データベースでNo.2のシェアです。MicrosoftはWindows OSやMicrosoft Officeの提供元として有名ですが、AWSに次ぐNo.2のクラウドサービスであるAzureの提供元でもあります。

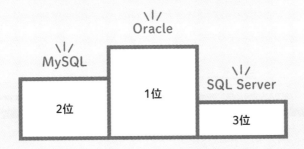

リレーショナルデータベースの市場シェア
（2021年4月、DB-Engineの調査より）

1位のOracleと2位のMySQLは、
Oracle社が提供元

Chapter 04

データベース作成と接続

 RDSのデータベースを作成しよう

それでは、実際にRDSでデータベースを作成してみましょう。

まずその前に、前章で作成したAmazon EC2のインスタンスに、MySQLへの接続を許可する設定を行います。

EC2ダッシュボードを開き、左側の「ネットワーク＆セキュリティ」メニューより「セキュリティグループ」を選択します。

EC2のセキュリティグループを選択

「ネットワーク＆セキュリティ」メニューより「セキュリティグループ」を選択

　次の画面のような、「セキュリティグループ」の一覧ページが表示されます。

セキュリティグループの一覧

"default" ではない方の
「セキュリティグループID

　本書のとおりにEC2インスタンスを作成した場合、このページには"default"という名前のセキュリティグループと、"launch-wizard-1"などの名前のセキュリティグループの、2つのセキュリティグループが表示されているかと思います。

　セキュリティグループとは、AWSのファイアウォールの機能のことで、EC2インスタンスを作成する時に「HTTP」と「HTTPS」のプロトコルを設定したページがそれに該当します。

　セキュリティグループでは、EC2のインスタンスにアクセス可能なポート番号を指定することができます。

　本書のとおりにEC2インスタンスを作成した場合、"default"では

ないセキュリティグループが、EC2のインスタンスに設定されていますので、セキュリティグループの一覧より、このセキュリティグループIDをクリックします。

これをクリックすると、次のような画面が表示されます。

新たなインバウンドルールを追加する

「edit inbound rules」を
クリック

これをクリックすると、次のような画面が表示されます。

新たなルールを追加する

インバウンドルールを編集 情報

インバウンドルールは、インスタンスに到達できる着信トラフィックをコントロールします。

インバウンドルール 情報

Security group rule ID	タイプ 情報	プロトコル 情報	ポート範囲 情報	ソース 情報	説明・オプション 情報	
sgr-0277c7b089b1f1s17	HTTPS	TCP	445	カスタム		削除
sgr-0706161ac48769f08	HTTP	TCP	80	カスタム		削除
sgr-07b69718ad101s445	HTTP	TCP	80	カスタム		削除
sgr-023cauc5cdfa624f6uel	SSH	TCP	22	カスタム		削除
sgr-095401950074f4a53	HTTPS	TCP	445	カスタム		削除

ルールを追加

キャンセル　変更をプレビュー　ルールを保存

「ルールを追加」をクリック

　この画面では、EC2インスタンスを作成した時と同様、新たな「タイプ」を追加します。

　今回追加するのは、MySQLへの接続のためのルールです。まずは、画面左下の「ルールを追加」ボタンをクリックします。

　これをクリックすると、次のような画面が表示されます。

「MySQL/Aurora」を追加

「MySQL/Aurora」
の「Anywhere-IPV4」
と「Anywhere-IPV6」
を追加

「ルールを保存」を
クリック

　この画面より、以下の2つのルールを追加したら、画面右下の「ルールを保存」ボタンをクリックします。

追加するルール

タイプ	ソース
MySQL/Aurora	Anywhere-IPv4
MySQL/Aurora	Anywhere-IPv6

　ルールを保存すると、セキュリティグループIDのページに戻ります。

「MySQL/Aurora」が追加されていることを確認

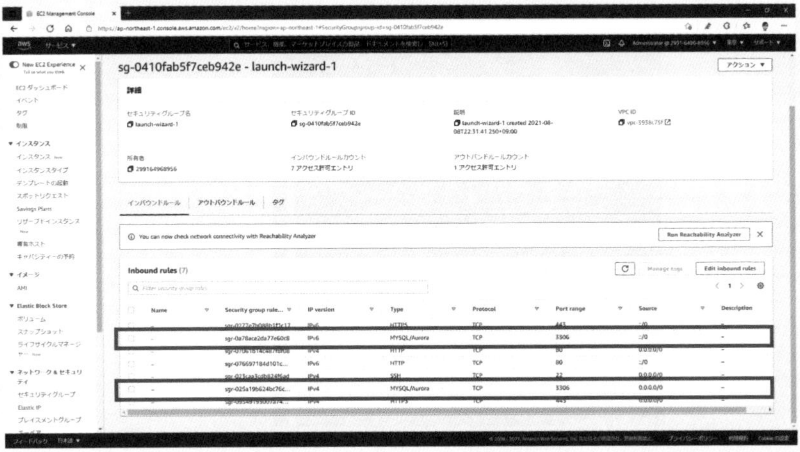

「MySQL/Aurora」の2行が
追加されていることを確認

この画面にて、先ほど追加した「MySQL/Aurora」の2行が追加されていることが確認できれば、OKです。

それでは、いったんEC2のダッシュボードを終了させましょう。

EC2インスタンスの設定が完了したら、今度はRDSのインスタンスを作成します。

「AWSマネジメントコンソール」を開き、任意のリージョン（地域）を選択したら、テキスト検索欄に“RDS”と入力します。

検索候補の先頭に表示される「RDS」をクリックします。

RDS サービスを選択する

❷テキスト検索欄に
"RDS" と入力し…

❶地域を選択　　　　　　　❸先頭に表示された
　　　　　　　　　　　　　「RDS」をクリック!

これをクリックすると、次のような画面が表示されます。

「データベースの作成」をクリック

❷このボタンのいずれ
かをクリック

❸この「×」をクリックする
と、上の「データベースの
作成」ボタンを含め、水色
の部分は表示されなくなる

❶このボタンか…

　RDSでデータベースを作成するには、この画面より、「データベースの作成」と書かれたボタンをクリックします。

　「データベースの作成」ボタンをクリックすると、次のような画面が表示されます。

データベースの作成方法と種類を選択

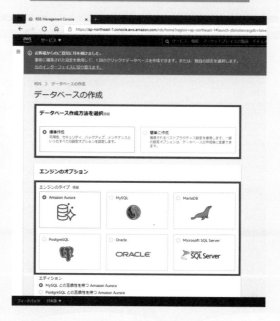

「標準作成」か「簡単に作成」
のいずれかを選択

リレーショナルデータベース
を6種類の中から選択

　この画面では、まず、データベースの作成方法と、データベース
の種類を選択します。

　データベースの作成方法は、次の2つから選択します。

データベースの作成方法

標準作成	可用性、セキュリティ、バックアップ、メンテナンスといったすべての設定オプションを設定します。
簡単に作成	推奨されるベストプラクティス設定を使用します。一部の設定オプションは、データベースの作成後に変更できます。

　「標準作成」を選ぶか「簡単に作成」を選ぶかによって、同じ画面内
で入力する項目の内容が変わってきます。

「標準作成」は設定する項目を詳細に指定することが可能で、「簡単に作成」は指定する項目はデータベース名やユーザー名、パスワードなどの必要最低限の項目のみです。

設定する項目は、データベースの種類によっても異なるので、注意が必要です。

本書では、「標準作成」にて、MySQLのデータベースを作成することにします。

本書で作成するデータベース

「標準作成」を選択　　　　　　「MySQL」を選択

続けて、画面を下にスクロールし、「テンプレート」にて「無料利用枠」を選択します。

無料利用枠を選択

「無料利用枠」を選択

　また、「DBインスタンス識別子」には、データベースの名前を指定します。1つのAWSアカウントおよびリージョンについて、同じDBインスタンス識別子を設定することはできません。

　「マスターユーザー名」には、データベースにアクセスする時のマスターユーザー（管理者ユーザー）のユーザー名を指定します。

　マスターユーザーのパスワードは、「パスワードを自動生成」にチェックを入れると、Amazon RDSが自動的に生成します。任意のパスワードを設定したい場合はチェックを入れず、「マスターパスワード」と「パスワードを確認」に任意のパスワードを入力します。

　本書では、「マスターユーザー名」を"admin"とします。

　「DBインスタンス識別子」「マスターユーザー名」「マスターパスワード」を指定したら、画面をさらに下にスクロールし、「接続」の「パ

ブリックアクセス」にて"あり"を選択します。

パブリックアクセスを「あり」にする

「パブリックアクセス」を
"あり"にする

「パブリックアクセス」を"あり"にすることで、VPC（Virtual Private Cloud：仮想プライベートクラウド）外からのデータベースへのアクセスができるようになります。

　よりセキュアな（セキュリティ的に堅牢な）システムを構築したい場合は、「パブリックアクセス」を"なし"にし、同じVPC内でのみ、データベースにアクセスするようにします。

　本書では、VPCの外からでもデータベースにアクセスできるようにしたいので、「パブリックアクセス」を"あり"に設定します。

　VPCについては、「Amazon VPC」というサービスがありますが、本書では説明しません。

「パブリックアクセス」を"なし"にした場合

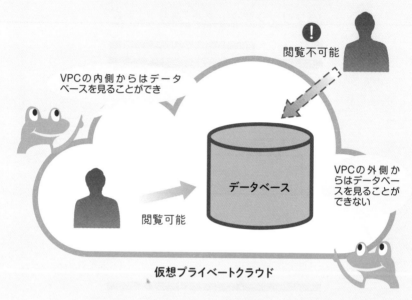

VPCの内側からはデータベースを見ることができ

閲覧不可能

VPCの外側からはデータベースを見ることができない

データベース

閲覧可能

仮想プライベートクラウド

「パブリックアクセス」を"あり"にした場合

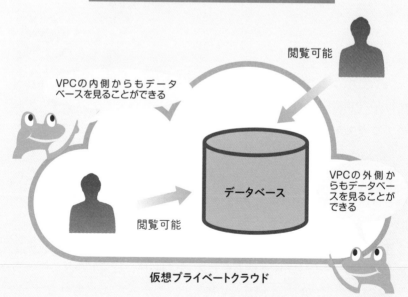

VPCの内側からもデータベースを見ることができる

閲覧可能

VPCの外側からもデータベースを見ることができる

データベース

閲覧可能

仮想プライベートクラウド

　また、「既存のVPCセキュリティグループ」より、"default"の隣に
ある"×"をクリックすることで"default"を削除し、コンボボックス
から前章で作成したAmazon EC2のセキュリティグループ（"launch-
wizard-1"など）を選択します。

「既存のVPCセキュリティグループ」を変更

"default"を消し、Amazon
EC2で使用されているセ
キュリティグループを選択

次の画面のようになれば、OKです。

"default"以外が選択されている

既存の VPC セキュリティグループ

| VPCセキュリティグループを選択します ▼ |

| launch-wizard-1　✕ |

セキュリティグループの設定が終わったら、今度はデータベース名の指定です。

　「追加設定」の「データベースの選択肢」より、「最初のデータベース名」に作成するデータベースの名前を入力します。

データベース名を指定

「最初のデータベース名」に
データベース名を入力

　本書では、"testdb"というデータベース名を入力しました。

　最後に、画面の一番下にある「データベースの作成」ボタンをクリックします。

パブリックアクセスを「あり」にする

「データベースの作成」を
クリック

　「データベースの作成」ボタンをクリックすると、次のようなページが表示されます。

パブリックアクセスを「あり」にする

「ステータス」が "利用可能"
になるまで待つ

このページが表示された直後は、上の画像の赤枠で囲まれた「ステータス」が "作成中" になっています。

これが、"利用可能" になるまで、しばらくお待ちください。

ステータスが "利用可能" になるまで、数分間かかります。

ステータスが "利用可能" になれば、データベースの作成は完了です。

 ## RDSのデータベースに接続しよう

それでは、前項で作成したデータベースに接続してみましょう。

本書では、「MySQL Workbench」というツールを用いてMySQLデータベースに接続する例を紹介します。

「MySQL Workbench」は、MySQLデータベースを管理するGUIツールです。

MySQL Workbenchの画面

MySQL Workbenchは、
グラフィカル・ユーザー・
インターフェイス（GUI）
で使いやすい

　通常、MySQLのデータ操作は、コマンドライン入力の画面で行い
ますので、コマンドラインでのデータ操作よりも使いやすいのが特
長の1つです。

MySQL Command Line Client の画面

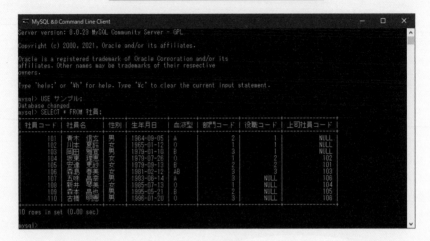

MySQL CommandLine Client
は、キャラクター・ユーザー・イン
ターフェイス（CUI）で初心者には
敷居が高い

　また、MySQL Workbench は SSL 接続が可能なため、Amazon RDS
で作成した MySQL データベースに接続することができます。
　では、MySQL Workbench をパソコンにインストールしましょう。
MySQL Workbench は、以下の URL よりダウンロードすることがで
きます。

MySQL :: Download MySQL Workbench

　https://dev.mysql.com/downloads/workbench/

MySQL Workbenchのダウンロードサイト

MySQL Community Downloads

‹ MySQL Workbench

General Availability (GA) Releases | Archives

MySQL Workbench 8.0.26

Select Operating System:
Microsoft Windows

Recommended Download:

MySQL Installer for Windows

All MySQL Products. For All Windows Platforms. In One Package.

Windows (x86, 32 & 64-bit), MySQL Installer MSI   Go to Download Page >

Other Downloads:

Windows (x86, 64-bit), MSI Installer   8.0.26   42.2M   Download

(mysql-workbench-community-8.0.26-winx64.msi)   MD5: 769423cbcc2312ce78a862d191bf6d332 | Signature

We suggest that you use the MD5 checksums and GnuPG signatures to verify the integrity of the packages you download.

ORACLE © 2021, Oracle Corporation and/or its affiliates

OSの種類を選択。
本書では、「Microsoft
Windows」を選択

「Download」を
クリック

　「Download」ボタンをクリックすると、次のような画面が表示されます。

「Login」「Sign Up」は必要なし

「No thanks, just start my download.」をクリック

　「Login」ボタンと「Sign Up」ボタンが目立ちますが、MySQL Workbenchのダウンロードにログインもサインアップも不要です。

　これらのボタンの左下にある、「No thanks, just start my download.」と書かれたリンクをクリックします。

　これをクリックすると、MySQL Workbenchのダウンロードが開始されます。

　ダウンロードが完了すると、次のようなアイコンのファイルが作成されます。

MySQL Workbenchのインストーラー

mysql-workbenc
h-community-8.0
.26-winx64.msi

上の画像では、

mysql-workbench-community-8.2.26-winx64.msi

バージョン情報

OSの種類。この場合は、
Windowsの64ビット版

とありますが、ダウンロードした日時によってバージョンが異なる
場合、またOSの種類により、ファイル名が異なります。

　このインストーラーをダブルクリックすると、次のような画面が
表示されます。「Next」ボタンをクリックします。

MySQL Workbenchのインストーラーを起動

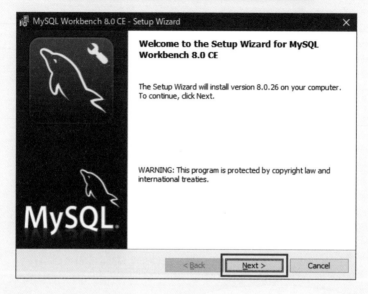

「Next」ボタンをクリック！

　インストール先のフォルダを指定する画面が表示されます。

　特にこだわりが無ければ、そのままの状態で「Next」ボタンをクリックします。

インストール先を指定

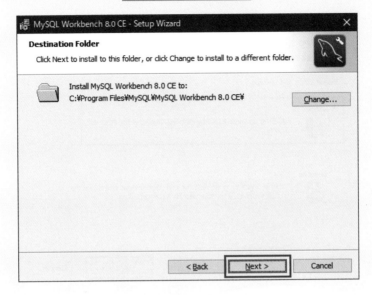

「Next」ボタンをクリック！

セットアップの種類を選択する画面が表示されます。

「Complete」を選択し、「Next」ボタンをクリックします。

セットアップの種類を選択

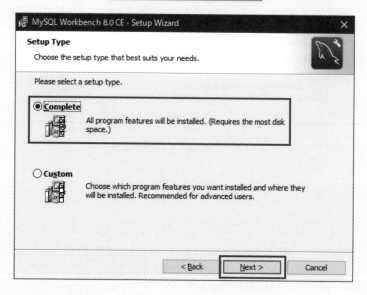

「Complete」を選択　　　　　　「Next」ボタンをクリック！

インストールを開始する前の確認画面が表示されます。
「Install」ボタンをクリックし、インストールを開始します。

インストール確認画面①

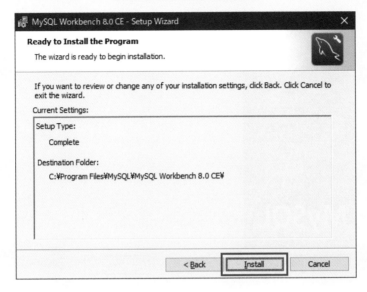

「Install」ボタンをクリック！

インストールが完了すると、次のような画面が表示されます。

インストール確認画面②

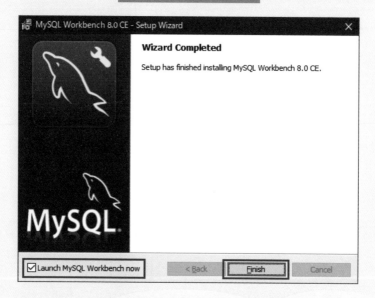

「Launch MySQL Workbench now」にチェック

「Finish」ボタンを クリック！

「Launch MySQL Workbench now」にチェックが入っていると、「Finish」ボタンをクリックしたときにMySQL Workbenchが起動されます。

「Finish」ボタンをクリックします。

MySQL Workbenchが起動します。

インストール確認画面

MySQL Workbenchを起動
した直後の画面

　次項では、MySQL WorkbenchでAmazon RDSのインスタンスに
接続する方法を説明します。

MySQL Workbench で RDS のデータベースに接続しよう

　MySQL Workbench では、接続したい MySQL インスタンスを MySQL Workbench に登録する必要があります。

　MySQL インスタンスを MySQL Workbench に登録するには、「MySQL Connections」の隣にある、「⊕」をクリックします。

接続先を登録

⊕ボタンをクリック

　「⊕」ボタンをクリックすると、次のような画面が表示されます。

接続先を登録

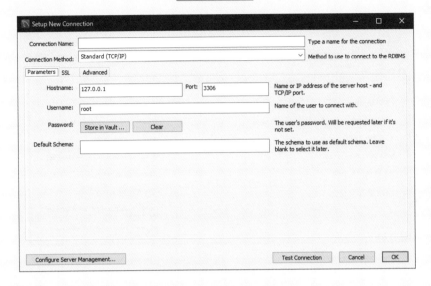

MySQLの接続先は、この画面で追加します。

新たな接続先を追加するたびに、起動画
面から⊕ボタンをクリックし、この画面
でMySQLへの接続情報を入力する

　Amazon RDSのMySQLに接続する場合は、「Connection Method」
を"Standard TCP/IP over SSH"に変更します。

接続先を登録

Setup New Connection — □ ×

Connection Name:		Type a name for the connection
Connection Method:	Standard TCP/IP over SSH ▼	Method to use to connect to the RDBMS
Parameters SSL	Standard (TCP/IP)	
	Local Socket/Pipe	
SSH Hostname	Standard TCP/IP over SSH	hostname, with optional port number.
SSH Username:	user	Name of the SSH user to connect with.
SSH Password:	Store in Vault ... Clear	SSH user password to connect to the SSH tunnel.
SSH Key File:	...	Path to SSH private key file.
MySQL Hostname:	127.0.0.1	MySQL server host relative to the SSH server.
MySQL Server Port:	3306	TCP/IP port of the MySQL server.
Username:	root	Name of the user to connect with.
Password:	Store in Vault ... Clear	The MySQL user's password. Will be requested later if not set.
Default Schema:		The schema to use as default schema. Leave blank to select it later.

Configure Server Management...   Test Connection   Cancel   OK

「Standard TCP/IP
over SSH」を選択

「Connection Method」の内容
により、設定項目が変わる

　「Connection Method」を "Standard TCP/IP over SSH" に変更した
ら、上から順番に項目を設定していきましょう。

　まずは、一番上の「Connection Name」を設定します。「Connection
Name」には、MySQL Workbench から MySQL データベースに接続す
る時に指定する接続名です。本書では、"aws" という名前を付けます。

Parametersタブを設定

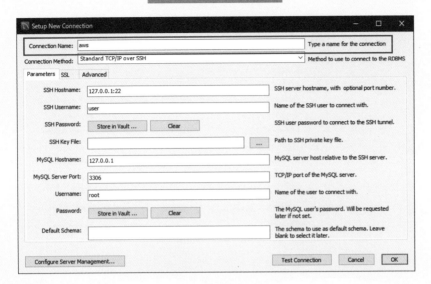

「Connection Name」
に接続名を入力

本書では、「Connection Name」
に "aws" という名前を付けた

　続いて、「Parameters」タブの内容を設定します。設定内容は、次
のとおりです。

Parameters タブを設定

![Manage Server Connections dialog]

```
Manage Server Connections                                                    ×

MySQL Connections          Connection Name:  aws
  aws
                           Connection   Remote Management   System Profile

                           Connection Method:  [Standard TCP/IP over SSH      ∨]   Method to use to connect to the RDBMS

                           [Parameters]  SSL   Advanced

                               SSH Hostname:  [████████████]              SSH server hostname, with optional port number.

                               SSH Username:  [ec2-user]                  Name of the SSH user to connect with.

                               SSH Password:  [Store in Vault ...] [Clear] SSH user password to connect to the SSH tunnel.

                               SSH Key File:  [C:¥Users¥takay¥OneDrive¥Desktop¥n] [...]  Path to SSH private key file.

                            MySQL Hostname:   [database-1.csqqi1lp5zub.ap-northeast-1.rds.am]  MySQL server host relative to the SSH server.

                          MySQL Server Port:  [3306]                      TCP/IP port of the MySQL server.

                                   Username:  [admin]                     Name of the user to connect with.

                                   Password:  [Store in Vault ...] [Clear] The MySQL user's password. Will be requested
                                                                          later if not set.

                             Default Schema:  [testdb]                    The schema to use as default schema. Leave
                                                                          blank to select it later.

[New]  [Delete]  [Duplicate]  [Move Up]  [Move Down]              [Test Connection]  [Close]
```

「Parameters」
タブの項目を入力

　「SSH Hostname」は、前章で作成したEC2インスタンスのパブリック IDやパブリックDNSを入力します。

　「SSH Username」は、前章で本書のとおりにEC2インスタンスを 作成したなら、"ec2-user"と入力します。

　「SSH Password」は、何もせず、そのままにしておきます。

　「SSH Key File」は、前章で作成したSSH Key File（拡張子：pem）の ファイルパスを入力します。

　「MySQL Hostname」は、RDSのエンドポイントを入力します。エ ンドポイントは、RDSのダッシュボードにて、接続先データベー スのインスタンスのページより確認することができます（「MySQL

Hostname」画面参照）。

　「MySQL Server Port」は、"3306"と入力します。

　「Username」は、RDSを作成した時の「マスターユーザー名」を入力します。本書のとおりなら、"admin"と入力します。

　「Password」は、「Store in Vault…」ボタンをクリックし、表示された画面にて、RDSを作成した時の「マスターパスワード」を入力します。「Password」の画面が表示されます。

　「Default Schema」は、RDSを作成した時の「最初のデータベース名」を入力します。本書のとおりなら、"testdb"と入力します。

MySQL Hostname

RDSのダッシュボードより、データベースのインスタンスのページを開き、「エンドポイント」を確認

Passwordを入力

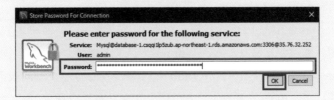

「Password」に、データベースのインスタンスを作成した時のマスターパスワードを入力

「Password」を入力したら、「OK」ボタンをクリック

「Parameter」タブの内容を入力したら、画面下の「Test Connection」ボタンをクリックします。

「Test Connection」ボタンをクリック

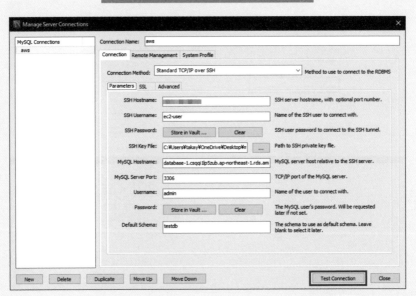

「Test Connection」をクリック

入力した内容が正しければ、次のような画面が表示されます。

接続に成功した場合

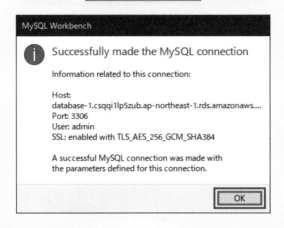

接続に成功した時に表示され
る画面だね

「OK」ボタンをクリック

この画面が表示されれば、入力した内容に問題はありません。
　「OK」ボタンをクリックしてこの画面を閉じ、前ページの画面の
「Close」ボタンをクリックして画面を閉じてください。

　次のような画面が表示された場合は、入力した内容に誤りがあり、
データベース接続に失敗しています。

接続に失敗した場合

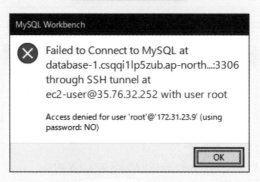

接続に失敗した時に表示され
る画面

「OK」ボタンをクリック

「OK」ボタンをクリックしてこの画面を閉じ、前ページの画面にて、
入力した内容に間違いがないか確認してください。

設定が完了すると、次のように、MySQL Workbench を起動した
直後に表示される画面にて、設定した接続内容が表示されます。

接続に成功した場合

設定した接続内容が
表示された

　これをクリックすると、次のように、クエリを入力・実行可能な
エディタ画面が表示されます。

任意のクエリを実行可能

❷クエリの実行結果
が表示される

❶クエリを入力し、Ctrl
＋Shift＋Enterで実行

この画面で、任意の
クエリを実行できる！

　この画面にて、接続したデータベースに対し、任意のクエリを実
行してテーブルの内容を表示させたり、データを変更したりするこ
とができます。

RDS の料金

 RDS の料金について

RDS の料金は、以下の項目の合計によって算出されます。

①インスタンスの使用料金
②ストレージの料金
③通信に関する料金
④バックアップストレージの料金

RDS の料金

インスタンスの使用料金	ストレージの料金
通信に関する料金	バックアップストレージの料金

この4つの合計が
RDS の料金

①インスタンスの使用料金

インスタンスの使用料金は、インスタンスを稼働している時間によって料金が加算されます。さらに、使用するデータベース管理システムや、データベースサーバーのスペックによっても課金される料金が異なります。

有料のデータベース管理システムは、そのライセンスも同時に加算されます。

インスタンスの使用料金

インスタンスの
稼働時間

データベース管理　　　　　　データベース
システムの種類　　　　　　　サーバーのスペック

②ストレージの料金

ストレージは、実際に使用しているストレージの料金ではなく、確保しているストレージの料金です。例えば、20GBのストレージを確保した場合、実際には5GBしか使っていなくても、20GB分のストレージの料金が発生します。

ストレージの料金

実際に使用しているストレージの量ではなく…

確保しているストレージの量で料金が決まる

③通信料金

データベースインスタンスと通信したデータ量に応じて料金がかかります。

通信料金

RDS

通信の量によって料金がかかる

④バックアップストレージの料金

　データベースのバックアップに対して発生する料金です。データベースのバックアップのことを**スナップショット**と言います。

　スナップショットの料金は、確保しているデータベースストレージの量を超えない限り、発生しません。

　つまり、確保しているデータベースストレージが20GBであれば、バックアップストレージは20GBまでは無料で使用することができます。

　ただし、データベースインスタンスを削除する場合、バックアップストレージも併せて削除しないと、バックアップストレージの料金だけが発生し続けるため、データベースインスタンスを削除する場合は、バックアップストレージも併せて削除するようにしてください。

バックアップストレージの料金

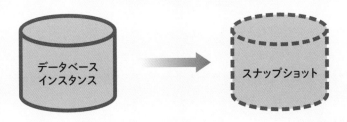

データベースのインスタンスを削除するなら、そのデータベースのスナップショットも削除しないと、スナップショットの料金だけが発生するので注意！！

◯ この章のまとめ ◯

　本章では、AWSでデータベース管理システムを利用するサービスとして、RDSについて説明しましたが、EC2を使う場合、RDSを使用せず、EC2のインスタンスに直接、データベース管理システムをインストールすることもできます。

　例えば、前章にてEC2のインスタンスにApacheやPHPをインストールしましたが、同じような方法で、MySQLやMariaDBといったデータベース管理システムをインストールすることができます。

　では、RDSを使用せず、EC2のインスタンスで代替すれば良いのでは？　と思った方もいるかも知れません。

　実際、小規模なWebサイトの構築であれば、EC2のインスタンスにデータベース管理システムをインストールした方が、安上がりです。

　しかし、大規模なデータベースシステムに必要な可用性（使用量に応じたスペックの変更、本書では述べませんでしたが、データベースインスタンスごとの細かなセキュリティ設定など）が求められるケースにおいては、RDSを用いるべきでしょう。

　有料のライセンスであるOracleやMicrosoft SQL Serverについても、別途、個々のライセンスを支払う必要はなく、RDSへの支払料金のなかに含まれているため、個々のライセンスの支払を意識せず、簡単に利用できるという利点もあります。

Chapter

05

Amazon S3 を

使ってみよう

Amazon S3とは

 クラウドストレージを利用できるサービス

　Amazon S3は、Amazon Simple Storage Serviceの略（"S"から始まる英単語が3つ続くため、"S3"）で、ストレージを提供するサービスです。

　ストレージ（Storage）とは、記憶容量のことで、ファイルを保存するディスク領域のことを指します。

　例えば、スマートフォンでも「128GBの容量」などと表現されますが、そのスマートフォンには128GBまでファイルを保存することができます。128GBの容量を超えてファイルを保存しておきたい場合は、クラウドストレージ等を利用することになります。

　ちなみに、S3ではファイルのことを、**オブジェクト**と言います。

ローカル端末のファイルをクラウドストレージに保管

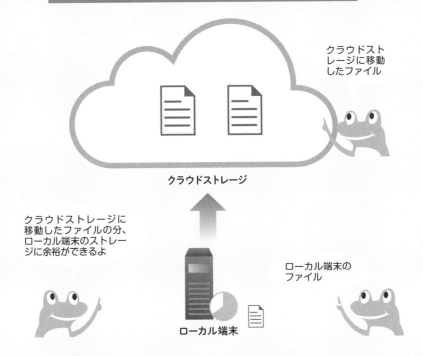

クラウドスト
レージに移動
したファイル

クラウドストレージ

クラウドストレージに
移動したファイルの分、
ローカル端末のストレー
ジに余裕ができるよ

ローカル端末の
ファイル

ローカル端末

　ファイルをクラウドストレージに保存しておくことで、複数の端
末で共有して閲覧することができるようになります。

クラウドストレージなら様々な端末からファイルを共有できる

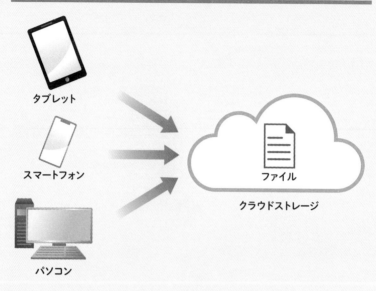

タブレット

スマートフォン

パソコン

ファイル

クラウドストレージ

またAmazon S3には、様々な機能があります。

例えば、S3上のHTMLを一般公開することでWebサーバーとして利用したり、S3に含まれるCSVファイルやJSONファイルに対してSQLを用いてデータ検索をしたりすることが可能です。

Webサーバーの代わりとしても使える

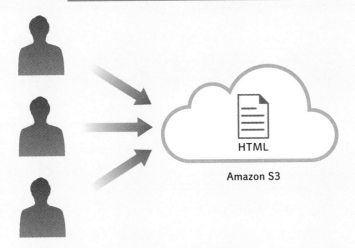

SQLでデータ取得が可能

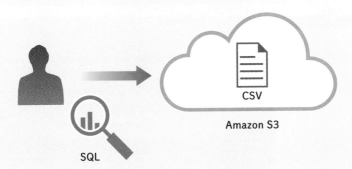

バケットとオブジェクト

 S3のバケットを作成しよう

まず、AWSマネジメントコンソールのテキスト検索にて、"S3"を
検索し、先頭に表示されたS3サービスをクリックします。

"S3"で検索

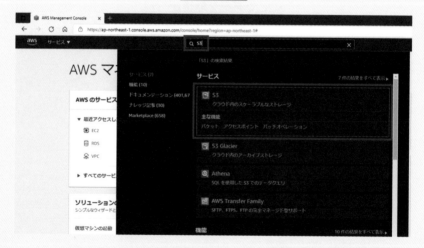

"S3"と入力
して検索

先頭に表示される「S3サービ
ス」をクリック

これをクリックすると、次のような画面が表示されます。

S3のダッシュボードページ

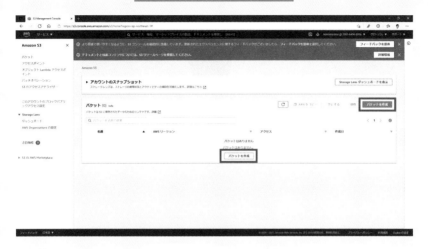

これが、S3のダッシュ　　　　S3は、バケットを作成する
ボードページ　　　　　　　ところから始めるよ

この画面は、S3のダッシュボードの画面です。

この画面の右上、およびS3の利用が初めての場合は画面の中央に、
「バケットを作成」と書かれたボタンがあります。

バケットとは、英単語で「bucket」を著し、日本語に翻訳すると「バ
ケツ」の意味です。

S3では、オブジェクトをクラウドストレージにアップロードする
際、まずはバケットを作成し、そのバケットの中にオブジェクトを
アップロードします。

225

バケットの中にアップロードする

バケットの中にバケットを
作成することはできない

バケット

バケットは、
バケツのこと

ファイル　　ファイル　　ファイル

　バケットはフォルダではないため、バケットの中にバケットを作成することはできません。

　「バケットを作成」ボタンをクリックすると、次のような画面が表示されます。

S3はバケットごとのリージョンを指定する

バケット単位でリージョンを
指定する

S3は、サービスごとにリー
ジョンを指定するのではなく…

　この画面では、作成するバケットのバケット名などを入力します。
その際、EC2やRDSは、サービスに対してリージョンを指定しまし
たが、S3では、バケット単位でリージョンを指定します。

　本書では、「バケット名」を"tsubotokotsu"と入力し、「AWSリージョン」
に"アジアパシフィック（東京）ap-northeast-1"を選択します。バケット
名には、すでに利用されているバケット名を指定することはできません。
　「既存のバケットから設定をコピー - オプション」は、すでに作成
済みのバケットがあれば、そのバケットの設定をコピーするための
機能です。「バケットを選択する」ボタンをクリックすると、すでに
作成済みのバケットから設定をコピーしたいバケットを選択します。
　現時点では、まだバケットは存在しませんので、次の設定項目に
移ります。

続いて、これから作成するバケットのアクセス設定を行います。

初期値として、「パブリックアクセスをすべてブロック」にチェックが付いています。

バケットのアクセス設定を行う

「パブリックアクセスをすべてブロック」にチェックが入っていると、S3サービスにアクセス可能なAWSユーザー以外は一切アクセスできないよ

「パブリックアクセスをすべてブロック」にチェックが付いた状態でバケットを作成すると、このバケットは、S3にアクセスできるユーザー以外、アクセスすることができません。

これに対し、「パブリックアクセスをすべてブロック」のチェックを外すと、以下の4つの選択項目に沿ってアクセス制限を変更することができます。

選択項目
新しいアクセスコントロールリスト（ACL）を介して付与されたバケットとオブジェクトへのパブリックアクセスをブロックする
任意のアクセスコントロールリスト（ACL）を介して付与されたバケットとオブジェクトへのパブリックアクセスをブロックする
新しいパブリックバケットポリシーまたはアクセスポイントポリシーを介して付与されたバケットとオブジェクトへのパブリックアクセスをブロックする
任意のパブリックバケットポリシーまたはアクセスポイントポリシーを介したバケットとオブジェクトへのパブリックアクセスとクロスアカウントアクセスをブロックする

この4つの選択項目のから、1つもしくは複数の項目にチェックを入れ、アクセスを制限するよ

　アクセスコントロールリスト（ACL）とは、このS3サービスを操作しているアカウント以外のAWSアカウントに対し、当該バケットの「読み取り」と「書き込み」の操作を「許可」あるいは「拒否」するかを設定したリストのことを言います。

ACLでアカウントを制御

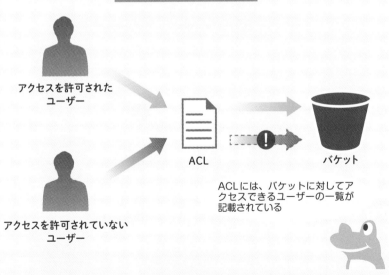

アクセスを許可された
ユーザー

アクセスを許可されていない
ユーザー

ACL

バケット

ACLには、バケットに対してアクセスできるユーザーの一覧が記載されている

バケットポリシーとは、このバケットに対してアクセスできるユーザーを指定することを言います。

バケットにアクセスできるユーザーを設定

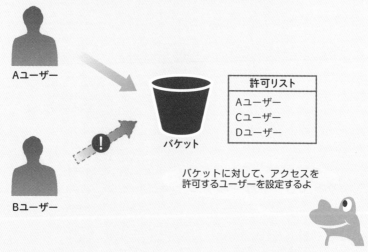

バケットに対して、アクセスを
許可するユーザーを設定するよ

ユーザーポリシーとは、ユーザーに対してアクセスできるバケットを指定することを言います。

ユーザーにアクセスできるバケットを設定

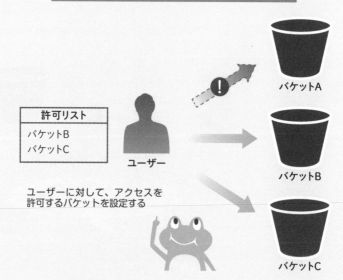

ユーザーに対して、アクセスを
許可するバケットを設定する

本書では、「パブリックアクセスをすべてブロック」にチェックを入れ、自分以外のアカウントユーザーにはバケットにアクセスできないようにします。

「パブリックアクセスをすべてブロック」にチェック

本書では、「パブリックアクセスをすべてブロック」にチェックを入れるよ

続いて、「バケットのバージョニング」「タグ」「デフォルトの暗号化」「オブジェクトロック」の設定を行います。

残りの設定項目について

「バケットのバージョニング」、「タグ」、
「デフォルトの暗号化」、「詳細設定」を入力

　「バケットのバージョニング」は、バケットに格納されているすべてのオブジェクトに対し、バージョン管理することができます。そのため、意図しないファイル編集が反映されてしまった場合でも、簡単に復旧することができます。

　ただし、バージョン管理されているオブジェクトの分だけストレージを使用するため、想定外の料金が発生する可能性もあります。

　「タグ」は、バケットを探しやすくするために「キー」と「値」を指定する機能です。「タグ」は、1つのバケットにつき、複数指定することができます。

　「デフォルトの暗号化」は、オブジェクトがバケットに保存される

際、オブジェクトを暗号化されるようにすることができます。

　S3バケットのデフォルトの暗号化の使用に追加料金は発生しませんが、デフォルトの暗号化機能を設定するためのリクエストには、リクエスト料金が発生します。

　「オブジェクトロック」は、「詳細設定」をクリックすると表示されます。

オブジェクトロック

「詳細設定」は、「オブジェクトロック」の有効と無効を切り替える

　オブジェクトロックとは、オブジェクトが一定期間、または無期限に削除、または上書きされるのを防ぐことができます。オブジェクトロックは、バージョニング対応のバケットでのみ利用可能で、オブジェクトロックを有効にすると、バケットのバージョニングが自動的に有効になります。

「バケットのバージョニング」「タグ」「デフォルトの暗号化」「オブジェクトロック」を設定したら、画面下の「バケットを作成」ボタンをクリックします。

残りの設定項目について

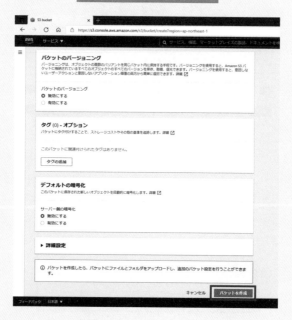

本書では、
「バケットのバージョニング」: 無効
「タグ」: なし
「デフォルトの暗号化」: 無効
「オブジェクトロック」: 無効
に設定する

「バケットを作成」
ボタンをクリック！

　「バケットを作成」ボタンをクリックすると、S3のダッシュボードの最初の画面に戻ります。

作成したバケットが表示される

本書では、"tsubotokotsu"と
いうバケット名を指定したので、
そのバケットが表示されたね

　この画面にて、さきほど作成したバケットが表示されるのを確認
できます。
　これで、バケットの作成は完了です。

 ## S3のバケットにオブジェクトを追加しよう

　では、前項で作成したバケットにオブジェクトをアップロードし
てみましょう。
　前項の後、画面は次のように、バケットを作成した直後になって
います。

235

バケットを作成した直後

作成したバケットが
表示されているよ

　このバケットに、JPEG画像ファイルをアップロードしてみましょう。

　バケットには、次の画像をアップロードすることにします。

アップロードするJPEG画像

　アップロードする画像は、任意の画像で構いませんが、上の画像は、著者が管理しているWebサイトからダウンロードすることができます。

IKACHI - フリー画像のダウンロード

https://www.ikachi.org/graphic

　画像を用意したら、S3のダッシュボードから、作成したバケットのバケット名をクリックしてください。

　これをクリックすると、次のような画面が表示されます。

バケットの中が表示される

選択したバケットの中が表示
される。まだ、何もアップ
ロードされていない

オブジェクトをアップロード
するには、「アップロード」ボ
タンをクリック

　バケットの中には、まだ何もアップロードしていませんので、空っ
ぽの状態です。

　バケットの中にオブジェクトをアップロードするには、「アップ
ロード」ボタンをクリックします。

　「アップロード」ボタンをクリックすると、次のようになります。

オブジェクトをアップロードするページ

「開く」と書かれたダイアログが
表示されるので、「開く」ダイア
ログからファイルかフォルダを
指定してアップロードする

ファイルかフォルダをドラッ
グ＆ドロップするんだね

　この画面では、任意のオブジェクトをファイルもしくはフォルダ
単位でアップロードすることができます。
　アップロードは、オブジェクトをドラッグ＆ドロップするか、「開
く」ダイアログから選択してアップロードすることが可能です。

ファイルをドラッグ＆ドロップする場合

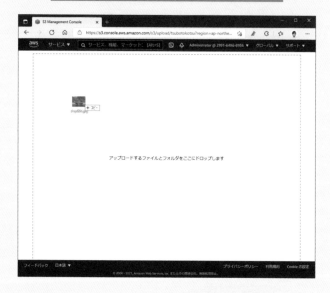

ファイルをページ上にドラッグ
すると、画面のように、ド
ラッグされているファイルの
イメージが表示されるよ

ファイルをドラッグ＆ドロップする場合

「開く」ダイアログから、アップ
ロードするファイルを選択し、
「開く」ボタンをクリックするこ
とで、アップロードされるよ

　JPEG画像をアップロードすると、次のように、アップロードした
JPEG画像のファイル名がバケットに表示されます。

アップロードしたJPEG画像のファイル名が表示される

アップロードしたJPEG画像
のファイル名が表示されたね

追加したオブジェクト一覧の下に、「送信先」という項目がありますが、これをクリックすると、オブジェクトをアップロードするバケットの「バケットのバージョニング」「デフォルトの暗号化」「オブジェクトロック」を再確認することができます。

バケットの設定を再確認できる

「バケットのバージョニング」「デフォルトの暗号化」「オブジェクトロック」を再確認できる！

　この画面の「バケットのバージョニングを有効にする」のボタンをクリックすると、このバケットのバージョニングを有効にすることができます。

　このオブジェクトのみバージョニングされるようになるわけではなく、このバケットに存在するすべてのオブジェクトのバージョニングが有効となるため、注意してください。

　続いて、「アクセス許可」をクリックすると、このオブジェクトに対するアクセス可能な対象を設定することができます。

アクセス許可について

「アクセス許可」を選択すると、
このオブジェクトに対するアク
セス可能な対象を設定すること
ができるよ

　アクセスの制御は、100ページの「AWSのネットワーク構成と通信
の制御」でも説明しましたが、「ACL」（アクセスコントロールリスト）
で設定します。

　ACLは、次の2種類から選択することができます。

・事前定義された ACL からの選択

・個別の ACL アクセス許可の指定

事前に定義されている ACL には、以下の2つがあります。

事前に定義されている ACL

事前登録されている ACL	詳細
プライベート	オブジェクト所有者のみに読み取りおよび書き込みアクセス権があります。
パブリック読み取りアクセス権の付与	世界中の誰でも、指定されたオブジェクトにアクセスできます。オブジェクト所有者に読み取りおよび書き込みアクセス権があります。

ACLには、最初から上の2つ
が作成されている！

　事前に定義されている ACL 以外のアクセス制限を行う場合は、
ACL を個別に定義する必要があります。

　その場合は、「個別の ACL アクセス許可の指定」を選択します。

　「個別の ACL アクセス許可の指定」を選択すると、次のような項目
が表示され、新たな ACL を作成することができます。

「個別の ACL アクセス許可の指定」を選択した場合

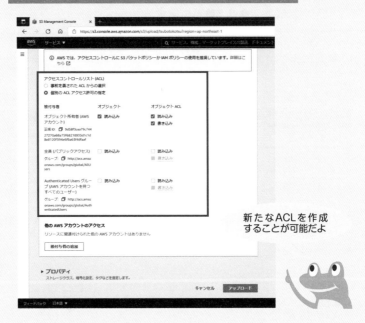

新たなACLを作成
することが可能だよ

　本書では、「事前定義されたACL」から「プライベート（推奨）」を選択します。

　最後に、「プロパティ」を選択すると、次の項目を設定することができます。

「プロパティ」で設定できる項目

設定項目	内容
ストレージクラス	オブジェクトへのアクセス頻度などに応じてストレージクラスを変更
サーバー側の暗号化設定	暗号化キーを指定するかどうかを設定
タグ・オプション	オブジェクトにタグを設定
メタデータ・オプション	オブジェクトにメタデータを設定

　ストレージクラスは、例えば頻繁にオブジェクトにアクセスされることが予想される場合や、バックアップデータのように長期間保

存されるもののオブジェクトを更新する必要がない場合など、様々なユースケースに応じて、最も適したユースケースを選択します。このストレージタイプにより、S3の料金が変わります。

　ストレージタイプには、次のようなものがあります。

ストレージタイプの種類

ストレージクラス	ユースケース
スタンダード	頻繁にアクセスされるデータ
インテリジェントな階層化	アクセスパターンが変化したり未知である、存続時間が長いデータ
標準 - IA	存続時間の長い、あまり頻繁にアクセスされないデータ
1 ゾーン -IA	存続時間の長い、あまり頻繁にアクセスされない非クリティカルなデータ
Glacier	数分から数時間の範囲で取り出したデータアーカイブの長期化
Glacier Deep Archive	データアーカイブの長期化（取り出し時間は 12 時間以内）
低冗長化	アクセス頻度の高い、非クリティカルなデータ

ストレージタイプによって、
料金が加算される最小となる
期間が変わるよ

　サーバー側の暗号化設定は、バケットのデフォルトの暗号化が有効になっている場合のみ、暗号化キーによってオブジェクトを暗号化するためのキーを指定することができます。指定できる暗号化キーは、「Amazon S3 キー」と「AWS Key Management Service キー」の2種類から選択することが可能です。

　タグ・オプションは、オブジェクトに対してタグを設定します。

　メタデータ・オプションは、オブジェクトにメタデータを関連付けすることができます。**メタデータ**とは、オブジェクトを表現するためのデータのことです。タグと同じような方法で利用します。

本書では、次のような設定でJPEG画像をバケットにアップロードします。

JPEG画像をバケットにアップロードする時の設定値

項目	設定値
アクセスコントロールリスト	事前定義された ACL からの選択
事前定義された ACL	プライベート
ストレージクラス	スタンダード
サーバー側の暗号化	暗号化キーを指定しない
タグ - オプション	指定しない
メタデータ - オプション	指定しない

バケットにオブジェクトをアップロードするには、画面右下の「アップロード」ボタンをクリックします。

オブジェクトをアップロード

「アップロード」
ボタンをクリック！

「アップロード」ボタンをクリックすると、バケットの中を表示するページに戻り、先ほど選択したJPEG画像がバケットに追加されたことを確認することができます。

オブジェクトがアップロードされた

選択したJPEG画像が
バケットに追加されたね

S3のオブジェクトにアクセスしよう

　前項では、バケットのアクセス制限をプライベートに設定して、他のユーザーからオブジェクトにアクセスできないようにしましたが、バケットのアクセス制限をパブリックに設定し、他のユーザーからアクセスできるようにした場合、次の方法でオブジェクトにアクセスするためのURLを確認することができます。

　まず、バケットの中を表示しているページにて、該当するオブジェクトのオブジェクト名をクリックします。

オブジェクト名をクリック

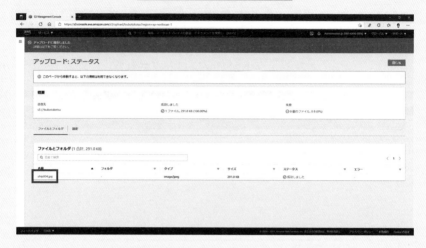

オブジェクト名を
クリック！

　オブジェクト名をクリックすると、次のようなページが表示され
ます。

オブジェクトの詳細ページ

「オブジェクトURL」がオブ
ジェクトを公開するURLだよ

　この画面にて、「オブジェクトURL」に記載されているURLが、こ
のオブジェクトが公開されているURLです。

　ただし、前述のとおり、バケット単位のACLでパブリックなバケッ
トに設定していない限り、このオブジェクトにはアクセスできませ
ん。

　アクセスできないバケットのオブジェクトに対してアクセスしよ
うとした場合、次のようなエラーが表示されます。

プライベートなバケットのオブジェクトにアクセスしようとした場合

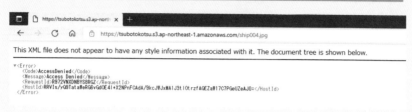

エラーが表示されて
アクセスできない！

　パブリックなバケットを作成し、オブジェクトもパブリックにした場合のみ、「オブジェクトURL」をクリックすると、次のように、アップロードしたオブジェクトにアクセスが可能となります。

パブリックなバケットのオブジェクトにアクセスしようとした場合

オブジェクトの内容
が表示された！

S3 の料金

 ## S3 の料金について

S3の料金は、以下の項目の合計によって算出されます。

①バケットに保存されているオブジェクトのデータ量
②バケットとのデータ転送量

S3 の料金

バケットに保存されている オブジェクトのデータ量	バケットとのデータ転送量

この2つの合計が
S3の料金！

　オブジェクトを作成する際、オブジェクトのユースケースに応じてストレージタイプを選択しますが、そのストレージタイプによって、上記の2つの料金は変動します。

例えば、頻繁にアクセスされることが想定されるオブジェクトの場合、②のバケットとのデータ転送量が多く発生する可能性があります。そのため、ストレージタイプは、オブジェクトが頻繁にアクセスされることを想定したストレージタイプを選択した方が、料金は安くなります。

オブジェクトに頻繁にアクセスする場合

バケット

オブジェクト

頻繁にアクセスするオブジェクトの場合は、頻繁にアクセスすることが想定されているストレージタイプにした方が料金がお得

　反対に、バックアップデータのように、アクセスされる頻度は低いもののデータ量が大きいオブジェクトをバケットに保存する場合、①のバケットに保存されているオブジェクトのデータ量が多く発生する可能性があります。そのため、ストレージタイプは、オブジェクトが滅多にアクセスされることがないことを想定したストレージタイプを選択した方が、料金は安くなります。

滅多にオブジェクトにアクセスしない場合

オブジェクト

バケット

滅多にアクセスしないオブジェクトの場合は、滅多にアクセスしないことが想定されているストレージタイプにした方が料金がお得

　注意が必要なのが、バケットに保存されているオブジェクトのデータ量に関する料金については、ストレージタイプによって、日割り・30日単位・90日単位・180日単位のいずれかとなっています。

　つまり、バケットに長い間保存されることが想定されていないオブジェクトに対して、180日単位の料金が加算されるストレージタイプを選択すると、割高となってしまいます。

ストレージタイプごとに料金が発生する日単位が違う

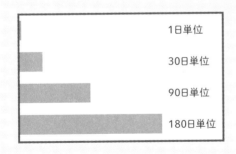

1日単位

30日単位

90日単位

180日単位

長期間、S3に保存しておく必要がないオブジェクトは、日単位での加算となるストレージタイプを選択した方がお得！

　また、バケットのデータ転送にかかる料金は、GB単位での加算となります。

☺この章のまとめ☺

　本書では、S3のバケットに対して手動でオブジェクトをアップロードする例を示しましたが、S3のバケットに対してオブジェクトをアップロードしたり、オブジェクトをダウンロードしたりする作業は、プログラムからも行うことができます。

　そのため、例えばプログラムでWebサイトをクローリング・スクレイピングした結果をCSVファイルやJSONファイルに変換し、そのファイルをS3のバケットに保存しておき、さらにS3に対してSQLを実行する機能と併せて利用するといった手法も考えられます。

　また、S3は耐久性の高さを「イレブン・ナイン」という言葉で表現しており、すなわちあらゆる脅威や災害などの障害に対しても99.999999999%のデータ耐久性を誇示しています。

おわりに

　筆者は現在、フリーランスをしています。

　フリーランスの求人サイトにプロフィールを登録しておくと、もっとも多いのがAWSに関する仕事の相談です。

「AWSを利用したサービスを新たに構築したい」
「オンプレミスのシステムをAWSに移行したい」
「AWSのエンジニアが退職したため、メンテナンスをお願いしたい」

などなど。

　その相談の多くは、AWSにする必然性はないものもあるのですが、なぜAWSにこだわるのかをたずねたところ、ほかのクラウドサービスと比べてもAWSがもっとも人気が高いため、AWSにしておけば間違いないだろう、という意見が大半でした。

　Microsoft社のAzureやGoogle社のGCPと比較・検討することもなく、「クラウドサービスといえばAmazonのAWS」という固定観念が、多くのシステム管理者に根差しているのでしょう。

　本書の冒頭でも述べましたが、今後もより多くのシステムがクラウド化を促進していくことでしょう。そのなかでももっとも利用者の多いAWSに関する知識は、エンジニアにとってより重要なものになっていくものと思われます。

　本書を読了いただき、誠にありがとうございました。著者として、これ以上の喜びはありません。

　　　　　　　　　　　　　　　　　　　長岡市の自宅兼オフィスより
　　　　　　　　　　　　　　　　　　　五十嵐貴之

索引

著者略歴

五十嵐 貴之（いからし　たかゆき）

1975年2月生まれ。新潟県長岡市（旧越路町）出身。
東京情報大学経営情報学部情報学科卒。
パッケージ・ソフトウェアの開発を18年（会計・自動車登録等）。
証券会社にて社内システムの開発を3年。
2019年より東京情報大学校友会信越ブロック支部長に就任。

カバーイラスト　mammoth.

ずかい　　　　　　　エーダブリューエス
図解！　AWSのツボとコツが
　　　　　　　　　　　　ほん
ゼッタイにわかる本

発行日	2021年12月24日	第1版第1刷

いからし　たかゆき
著　者　五十嵐　貴之

発行者　斉藤　和邦
発行所　株式会社　秀和システム
　　　　〒135-0016
　　　　東京都江東区東陽2-4-2　新宮ビル2F
　　　　Tel 03-6264-3105（販売）　Fax 03-6264-3094
印刷所　三松堂印刷株式会社

©2021 Takayuki Ikarashi　　　　　　　Printed in Japan

ISBN978-4-7980-6534-2 C3055